现代无人直升机技术基础丛书

U0182730

无人直升机构造与原理

主　编　王春龙　马传焱　孙　万
副主编　时荔蕙　杨丽博　韦文静　王冠睿
编　者　王春龙　马传焱　孙　万　时荔蕙　杨丽博　韦文静
　　　　王冠睿　井沛良　郝博雅　张晶晶　白雪岗　邢立业
　　　　霍亚东　陈　佳

西北工业大学出版社

西安

【内容简介】 本书从无人直升机概述开篇,由面至线、由线至点地介绍了无人直升机的构造与原理。全书共 8 章,首先从无人直升机定义、分类和应用入手,对无人直升机的飞行原理及功能性能进行了系统的介绍,然后分别重点阐述了无人直升机的主要组成部分,包括旋翼系统、机身、动力系统、飞行控制与导航系统和电气系统,并对每部分的工作原理、应用情况及发展前景进行了介绍。在编写过程中,编者充分利用了现有最新的、公开的资料、案例,以实例解析理论,从而增强了本书的实用性、时效性和可读性。

本书可作为高等院校相关专业学生的教材,以培养学生在无人直升机领域的基本知识;同时可作为广大无人直升机爱好者追求深入了解无人直升机时的进阶读物;也可作为无人直升机行业从业人员的参考资料,用于提升专业水平。

图书在版编目(CIP)数据

无人直升机构造与原理 / 王春龙,马传焱,孙万主编. —西安 : 西北工业大学出版社,2023.9
ISBN 978 - 7 - 5612 - 9001 - 9

Ⅰ. ①无… Ⅱ. ①王… ②马… ③孙… Ⅲ. ①无人驾驶飞机-直升机-高等学校-教材 Ⅳ. ①V275

中国国家版本馆 CIP 数据核字(2023)第 169082 号

WUREN ZHISHENGJI GOUZAO YU YUANLI

无 人 直 升 机 构 造 与 原 理

王春龙　马传焱　孙万　主编

责任编辑:朱辰浩	策划编辑:杨　军	
责任校对:孙　倩	装帧设计:李　飞	

出版发行　西北工业大学出版社
通信地址　西安市友谊西路 127 号　　邮编:710072
电　　话　(029)88491757,88493844
网　　址　www.nwpup.com
印 刷 者　西安五星印刷有限公司
开　　本　787 mm×1 092 mm　　1/16
印　　张　8.5
字　　数　212 千字
版　　次　2023 年 9 月第 1 版　　2023 年 9 月第 1 次印刷
书　　号　ISBN 978 - 7 - 5612 - 9001 - 9
定　　价　49.00 元

如有印装问题请与出版社联系调换

无人直升机具有可垂直起降、可悬停、操作灵活和可任意方向飞行等特点,但其结构复杂、故障率较高。与固定翼无人机相比,其飞行速度低、油耗高、载荷小、航程短、续航时间短,但不需要跑道,机场适应性较强,飞行中机动灵活,生存力较强。

无人直升机平台即无人直升机本身,包括旋翼系统、飞行控制与导航系统、操纵系统、机体结构、传动系统和动力装置等。本书第 1 章介绍了无人直升机的定义、分类、应用和发展历程;第 2 章介绍了无人直升机飞行原理;第 3 章针对无人直升机功能性能进行了概括介绍,包含无人直升机飞行性能、操稳特性等;第 4 章对旋翼系统进行了介绍;第 5 章介绍了机身结构;第 6 章介绍了动力系统,并对活塞式发动机等的工作原理进行了说明;第 7 章介绍了飞行控制与导航系统等;第 8 章介绍了电气系统。

本书由王春龙、马传焱、孙万担任主编,由时荔蕙、杨丽博、韦文静、王冠睿担任副主编。具体编写分工如下:第 1 章由王春龙、马传焱、孙万共同编写,第 2 章由时荔蕙、杨丽博编写,第 3 章由韦文静、井沛良编写,第 4 章由郝博雅编写,第 5 章由张晶晶、白雪岗编写,第 6 章由王冠睿、邢立业编写,第 7 章由霍亚东编写,第 8 章由陈佳编写。

本书从全文架构与内容设计、仿真分析,到图片制作、文本校核,都是在相关领域专业人士的指导和建议下完成的。各位学者严肃的学术态度、严谨的治学精神以及思辨的工作方法,为本书的顺利撰写提供了极大的帮助,在此向他们表示衷心的感谢。

由于水平有限,书中偏颇与不妥之处在所难免,在此向各位同行、专家和读者诚心求教,敬请指正。

编 者

2023 年 6 月

目 录

第1章 无人直升机概述

1.1 无人直升机定义

无人直升机是一种靠动力系统带动一个或者几个旋翼产生升力与推力来实现垂直起落与悬停、前飞与后飞以及定点回转的可控飞行无人飞行器。无人直升机从结构上看是旋翼飞行器的一种,从功能上看是垂直起降飞行器。

无人直升机的特点是能垂直起降,能悬停,运行灵活,能在任何方向上飞行,但是结构复杂,故障率高。相对于固定翼无人机而言,它具有飞行速度更低、油耗更高、载荷更小、航程更短和续航时间更短等特点,但是它对跑道没有要求,对机场的适应性更强,在飞行时更加灵活,生存力更强。

1.2 无人直升机分类

无人直升机的分类大多参考有人直升机的分类标准,无人直升机有多种分类方法。

(1)按质量分类,无人直升机可以分为微型无人直升机、小型无人直升机、中型无人直升机和大型无人直升机等。微型无人直升机的质量在 1 kg 以下,小型无人直升机的质量为 1～100 kg,中型无人直升机的质量为＞100～1 000 kg,大型无人直升机的质量为 1 000 kg 以上。

(2)按构型分类,无人直升机可分为单旋翼＋尾桨无人直升机、共轴双旋翼无人直升机、涵道螺桨无人直升机和转换式无人直升机等。

(3)根据活动半径的不同,无人直升机又可以分为超近程无人直升机、近程无人直升机、短程无人直升机、中程无人直升机和远程无人直升机等类型。超近程无人直升机的活动半径为 5～15 km,近程无人直升机的活动半径为＞15～50 km,短程无人直升机的活动半径为＞50～200 km,中程无人直升机的活动半径为＞200～800 km,远程无人直升机的活动半径为 800 km 以上。

(4)按升限分类,无人直升机可分为超低空无人直升机、低空无人直升机、中空无人直升机、高空无人直升机和超高空无人直升机。超低空无人直升机的升限为 0～100 m,低空无人直升机的升限为＞100 m～1 km,中空无人直升机的升限为＞1～7 km,高空无人直升机的升限为＞7～18 km,超高空无人直升机的升限为 18 km 以上。

(5)按用途分类,无人直升机可分为军用无人直升机、民用无人直升机和科研无人直升机。

1)军用无人直升机是指应用于军事领域的无人直升机,其具有较强的技术保密性和垄断性。军用无人直升机可进一步划分为无人直升机靶机、侦察无人直升机、诱饵无人直升机、电子对抗无人直升机、通信中继和攻击无人直升机等。

2)民用无人直升机是指应用于民用领域的无人直升机,其技术要求较军用无人直升机低一些,更注重经济性。民用无人直升机又可分为消费级无人直升机和工业级无人直升机。消费级无人直升机主要用于个人娱乐、个人航拍、青少年科普教育等方面,强调产品的易操作性、便携性和高性价比;工业级无人直升机主要用于各个行业应用领域,如巡查与监视、气象探测等,强调产品的专业性、稳定性和可靠性。

3)科研无人直升机是指应用于科学研究、科学实验等用途的无人直升机。

1.3 无人直升机应用

无人直升机凭借其垂直起降能力、空中悬停能力以及灵活飞行的优势,被视为工业级无人机发展的重要方向,在民用和军用领域获得了广泛的应用。

1.3.1 民用方面

1. 农林植保

中国作为农业大国,18亿亩(1亩=666.666 666 666 67 m^2)基本农田每年需要大量的农业植保作业,无人机已应用于该领域并独具优势。无人机的作业原理是"药液雾化+旋翼风场",通过旋翼气流把农药喷雾下压入农林植株内。相比多旋翼无人机而言,无人直升机具有旋翼风场大、对风场的利用充分和药液雾化好的特点,可以打高、低杆全类型作物,在喷药效果和效率上完胜多旋翼无人机;在种植面积小且分散的农林作业时,无人直升机能够低速飞行、垂直起降的特点显然使得其比固定翼飞机更能胜任。

2. 电力巡检

实际应用中,电力巡检工作的场地和环境非常复杂,很多地方人迹罕至,难度和危险性极大。

无人直升机大载重、长航时、高精度、高可靠性、可以低速飞行的特点可以作为固定翼无人机巡线作业的有效补充。此外,无人直升机具备悬停功能,对场地要求低,这也为巡线作业带来了很大的便捷性。

3. 影视拍摄

无人机航拍是影视界主要的一种拍摄方式,与传统飞行航拍方式相比,无人机航拍更经济、更安全、更易操纵,深受影视创作和技术人员追捧。近几年应用无人机航拍拍摄影视作品不断涌现,取得了令人瞩目的社会与经济效益。

无人直升机航拍的优势在于:飞行半径、高度和留空时间都能满足绝大部分航拍任务要求;载荷量能满足大型航拍设备的要求。

4. 国土测绘

应用无人机技术进行国土资源调查和土地利用检测可以及时反映各类国土资源的具体情况,提高对资源开发、环境保护和灾害防治等工作的预见性,从而为国土开发和整治,环境与灾害检测,水文地质、工程地质勘查以及建设工程的选址、选线和城市规划等工作奠定基础。

在该方面的应用,可以利用无人直升机的特点和优势展开作业,同样可以作为固定翼无人机的有效补充。

5. 护林防火

我国林业面积巨大,每年的防火及消防任务非常艰巨,靠人力远远无法满足需求。无人直升机可搭载视频拍摄或者红外镜头,通过日常巡查,探测烟雾并识别火源,可以做到火情的早期预警,从而大大降低森林防护成本。此外,无人直升机也可携带大量的灭火弹药进行大面积的灭火作业,这在大规模的森林灭火中独具优势。

其他的无人直升机应用场景包括遥感测绘、地质勘探、快递投送、应急救援、海事救捞、犯罪现场侦查、海关缉私等。笔者还曾见到景区的经营者找到无人机公司,想合作利用无人直升机往景区的山上运送方便面、水、防护物资等。可以说,无人直升机的用途还在不断地拓展,有着更为广阔的应用前景。

1.3.2 军用方面

无人直升机在军事领域的应用主要有情报侦察监视、通信中继、火力打击、战场救护、低空安保、空降护航等方面。

1. 情报侦察监视

无人直升机配备雷达、电侦或通侦设备,可对地面目标或空中目标进行搜索、探测与定位。指挥平台根据无人直升机反馈的信息,筛选可疑特征并预先判断敌方军事行动及突发事件,及早做出应对措施。同时,无人直升机反馈信息为其他空中战斗单位提供辅助,扩大战斗单位的响应区域并提早预判敌方动向。

2. 通信中继

现代化战争是多兵种协同作战,作战区域不断延伸,会造成通信困难。无人直升机以其不受场地限制、造价低等优点,通过搭载通信设备,可作为空中通信中继,延长各兵种的有效作战半径,也可作为通信系统的重要空中节点,与卫星通信、地面通信等互为补充。

3. 火力打击

无人直升机可搭载空空导弹、空地导弹、火箭、航炮等机载武器,摧毁敌方的武装直升机和在低空、超低空活动的其他航空器,也可以独立或配合其他兵种进行纵深火力攻击,其主要目标多为集群装甲等,歼灭敌有生力量及技术兵器,扰乱敌布防,切断敌逃跑道路,摧毁敌指挥和供给,削弱敌整体作战能力,从而加快作战进程。

4. 战场救护

无人直升机安装搜救设备,可深入搜救区域,发现搜救目标并对搜救目标进行详细的图像扫描,包括目标位置、状态、周围环境以及目标尺寸等,后方可通过分析无人直升机反馈的数据,对搜救区域内的自然环境、敌方武力进一步了解,做出正确判断,制订营救路线、营救措施等。这样不仅避免了在搜救初期造成的人员伤亡,同时还避免了营救过程的盲目性,保证了在小代价的情况下完成战场救护工作。

5. 低空安保

有人武装直升机连续飞行时间受到飞行员生理极限的限制,因此,武装直升机无法始终在空中巡逻,只能在特定情况下出动执行定时巡逻任务。通过组建无人直升机编队的形式,将编队分为若干批次,分批次巡逻,可以保证巡逻任务不间断,提高低空的安全性。

6. 空降护航

目前空军装备了直升机运输空降兵,执行机降和伞降任务,同时搭配武装直升机对地面或空中目标进行攻击,为空降护航。但是直升机在战场上因其低空低速的特点,易被发现和打击,因此为提高武装直升机的生存力和空降的成功率,可将无人直升机与武装直升机混编,无人直升机充当先遣部队,实施侦察、干扰、掩护等任务。

1.4 无人直升机发展概况及发展趋势

1.4.1 国外无人直升机发展概况

无人直升机的发展起步于20世纪50年代初期,美国、英国和德国首先开展了无人直升机的研究工作。当时美国为了增强反潜搜索能力和对付苏联巨大潜艇的威胁而着手发展无人直升机,并委托"螺旋动力"公司研制美国海军首架无人直升机(QH-50)。该无人直升机是一种遥控无人直升机,已向美国海军交付了大约800架。美国陆军于20世纪70年代用它的改进型QH-50D完成了对越南战场的战场侦察及炮兵对目标的观察,因为该飞机是遥控无人直升机,使用起来不是很方便且失事率较高,所以美军无奈取消了订货计划,无人直升机在美国的研制呈萧条趋势。

经过试用、萧条和复苏后,20世纪80—90年代无人直升机的发展呈百家齐放之势,气动外形多样。国外无人直升机已逐步进入加速发展期。美国无人直升机的发展在20世纪90年代中后期呈现快速发展之势,各大直升机公司相继涉足其中,这也引起世界范围内掀起无人直升机的发展高潮。美军于2005年8月发布了《2005—2030无人机系统路线图》(以下简称《路线图》),其中显示了美军在未来将着力发展无人直升机的趋势。可以预料,美军无人直升机的发展必将走上正轨,并且得到迅猛发展,而这恰恰是美国各大直升机公司大量进入无人直升机市场的重要因素。无人直升机这一重要武器装备的发展任务已经被美国各大直升机公司完全占领,小型公司担当无人直升机发展的年代在美国已经不复存在。国外典型的无人直升机包括采用共轴旋翼涵道式结构设计的Cypher、"鹰眼"(Eagle Eye)倾转旋翼、Ka137共轴双旋翼、A160T"蜂鸟"、CL-327"哨兵"、瑞典APIDA60、奥地利S-100、美国侦察打击一体化的"火力侦察兵"等。

纵观历史,国外无人直升机的发展趋势除了创新构型、增强任务载荷、提高续航能力外,还有一些特点：一是围绕信息支援任务，进一步拓展作战任务，最终实现侦察、攻击任务全面融合的无人直升机；二是无人机系统发展从"基于平台"转向"基于任务"，并充分考虑到作战使用中的特殊要求；三是不断提升智能化水平与自主飞行控制能力，实现故障隔离/故障排除，自动航路规划的智能化控制；四是具有遂行多任务的能力；五是钛合金、复合材料等新材料、新技术与模块化设计。

1.4.2　国内无人直升机发展概况

国内对无人直升机的研究起步较晚，与国外相比存在一定差距。我国在"七五""八五"时期就着手研制无人直升机，许多高校、科研单位都在进行无人直升机的研制工作。其中的代表有北京中航智科技有限公司、航空工业直升机设计研究所、南京航空航天大学和总参谋部第六十研究所等。

北京中航智科技有限公司自主研制的 TD220 电控共轴无人直升机于 2012 年首飞成功。2015 年通过比测，获得陆军无人直升机系统型号的研制任务，同时 TD220 电控共轴无人直升机成为我军第一个无人直升机型号。北京中航智科技有限公司作为一家民营企业装备研制总体单位，克服经验与条件的各种困难，发挥自力更生、艰苦奋斗的精神，与配套单位通力合作，充分利用了民营企业的优势，2020 年完成无人直升机系统定型，主要应用于侦察探测、目标指引等功能。为保证无人直升机系统的研制指标符合要求，北京中航智科技有限公司对无人直升机和无人直升机系统都进行了大量的试验、试飞工作，试飞和鉴定结果表明，无人直升机性能良好，实用升限等性能指标都达到了任务要求。

航空工业直升机设计研究所是国内唯一一家直升机设计研发单位。2004 年末，航空工业直升机设计研究所自筹研制了 200 kg 级 U8 无人直升机，并进行了以无人直升机飞行控制技术、测控技术、试验/试飞技术以及设计规范等为主要关键技术的技术攻关与设计验证。时隔 2 年，U8 无人直升机首飞成功。基于此，航空工业直升机设计研究所研制的 500 kg 级 AV500 无人直升机在包括中国天津国际直升机博览会在内的众多国内大型航展中得到静态展示并引起普遍关注。AV500 无人直升机的最大起飞质量为 450 kg，最高平飞速度可达 170 km/h，升限可达 3 500 m，最大续航时间可达 6 h 以上，控制半径可达 200 km，飞行控制水平已达到美国划定的自主飞行控制等级的 2~3 级，在国内处于领先地位，相当于目前国外无人直升机的技术水平。经多次实战性试飞演练表明，该无人直升机飞行性能可靠、任务能力强、环境适应能力强，已成为国内无人直升机领域中一颗耀眼的明星。

南京航空航天大学研制的无人直升机的代表机型有 LE110 无人直升机和"翔鸟"无人直升机；总参谋部第六十研究所研制的无人直升机的代表机型有 Z‑3、Z‑5 型无人直升机。它们均取得了一系列可喜成果。此外，清华大学、上海交通大学和相关民营通航公司等单位也开展了无人直升机的研制工作，涌现出许多成熟的无人直升机代表机型，这些代表机型凭借其优秀的品质，有些已经进入了装备采购产品名录，并逐渐列装。

1.4.3　无人直升机发展趋势

随着无人直升机被运用到不同的领域，市场对于无人直升机发展有了不一样的需求，无人直升机的发展趋势主要有以下几种。

1. 长航时、长航程、大载荷

无人直升机可以不用考虑飞行员长时间驾驶的生理限制。在长航时、长航程方面没有约束。长航时、长航程的无人直升机作战半径更大,更符合军方需求,特别是在执行侦察、通信中继、边境巡逻和纵深攻击等任务中可以发挥更大作用。

当起飞质量确定且任务载荷较大时,可拓展无人直升机的任务及任务范围,进而提升无人直升机任务完成效率及经济效益。

2. 隐身化和高生存力

无人直升机显著的缺点在于其速度小、飞行高度低,在军事应用中容易被地面单位发现击毁,在战争中暴露了损耗率大、生存力差等问题。因此,隐身性能对于无人直升机在战场上的存活率具有决定性意义。

为了达到雷达隐身、红外隐身和声隐身等隐身效果,各国都在积极从气动外形、复合材料以及设备等方面着手,积极优化无人直升机的隐身能力,以增强其生存能力。

3. 多用途、高智能化

无人直升机的操纵和控制本身就是一个技术重点和难点,而且随着战术的演变,无人直升机需要完成的任务将会更复杂多变,因此会对无人直升机的智能化和用途提出更严格的要求。随着电子技术、信息技术的发展,发展多用途、智能化程度高、具备态势感知能力、操纵简单有效的无人直升机已经成为必然趋势,从而可以应对复杂的任务需求,提高对战场的适应能力。

4. 尺寸多样化,群飞和多机协同控制

无人直升机系统进行了高度的集成化以提高其机动性、生存力。随着微电子技术的发展,无人直升机向着缩小尺寸发展成为了可能,比较典型的如 PD - 100(黑色大黄蜂)机长约 10 cm,高约 2.5 cm,重 16 g。为了满足不同任务需求,无人直升机不得不设计具有多种尺寸级别,将逐步形成大、中、小、微型无人直升机搭配的合理结构,从而更好地满足未来作战需求。

此外,近些年兴起的群飞和多机协同控制,可以让无人直升机做到多机信息共享,执行更为复杂的任务。

第2章 无人直升机飞行原理

2.1 无人直升机的结构类型

无人直升机在结构类型上和有人直升机基本相同,如图 2-1 所示,大致分为以下几类。

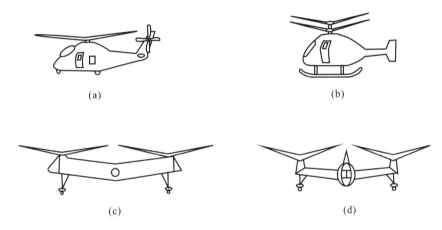

(a)   (b)

(c)   (d)

图 2-1 直升机的结构类型

(a)单旋翼直升机; (b)共轴反桨式直升机; (c)双桨纵列式直升机; (d)双桨横列式直升机

1. 单旋翼直升机

这种无人直升机只有一个主旋翼轴系统,在机身后部与主旋翼不同平面内安装一尾桨系统,用于平衡因主旋翼转动引起的反扭矩,同时尾桨还可以用于实现直升机的方向操纵。

单旋翼直升机的主要优点是设计和制造简单,只需一套操纵系统和减速传动系统。其主要缺点是需要安装尾桨来平衡主旋翼产生的反扭矩,且尾桨还要消耗一定的功率(通常悬停时占 8%~10%,平飞时占 3%~4%);另一个缺点是尾桨安装在远离飞行员的后部,存在受地面障碍物影响和容易伤人的危险性。近年来,"涵道尾桨"和"NOTAR"装置的应用大大改善了上述两个缺点。

2. 共轴反桨式直升机

这种无人直升机的两个主旋翼上、下安装在同一个主轴上,由一台或两台发动机驱动。两个主旋翼转动方向相反,可以互相抵消反扭矩,使机身不随旋翼转动。

共轴反桨式直升机因两主旋翼的旋转方向相反而能相互平衡反扭矩。另外,因使用两个主旋翼而缩小了主旋翼桨叶的尺寸。其不足之处在于它的结构与操纵变得相当复杂并且质量也有所增加。

3. 双桨纵列式直升机

这种无人直升机具有两个主旋翼轴,分别安装在机身的前、后端,两个旋翼轴的叶片转动方向相反,反扭矩互相抵消。

双桨纵列式直升机的优点是迎风面积小,阻力小,飞机重心范围大,有效载荷可平均分配到两个主旋翼上。不足之处在于后主旋翼可能会受到前主旋翼气流的作用,导致升力效率降低。解决方法是将后主旋翼的安装平面升高。其他的缺点与双桨横列式直升机相同。

4. 双桨横列式直升机

这种无人直升机同样有两个主旋翼轴,安装在机身两侧,两旋翼转动不一定互相啮合,且带一定角度。

双桨横列式直升机的优点是前飞时功率损失小,缺点是迎风面积大、阻力大、结构质量大、传动和操纵复杂。

2.2 升力、阻力和推力

2.2.1 翼型的选择

升力是由翼型(即机翼的剖面形状)产生的,翼型可以有不同的形状和尺寸,但产生升力的原理是一样的,且翼型都有弯曲的表面和逐渐收敛的后缘。

比较常见的直升机主旋翼翼型是对称翼型,即翼型的上、下两部分完全对称。该翼型有高升阻比,即其翼根至翼尖在许用转速范围内能产生很大的升力和很低的阻力。

选用对称翼型,因为其压力中心稳定。压力中心即升力施加于翼型弦线处,固定翼飞机随着攻角的变化,压力中心沿着翼型弦线移动,这对于固定翼民用飞机来说问题不大,因为它的尾翼可提供纵向稳定性;而对于直升机的主旋翼来说则是不可接受的,因为直升机主旋翼的攻角在飞行中是不停地变化的,压力中心不断运动会导致旋翼扭转,从而增大旋翼应力,也会带来附加操纵要求。

对称翼型压力中心作用点几乎与弦线重心及变距一致,从而使压力中心作用点的位置随攻角改变而几乎不发生变化,以减小操纵负担。

2.2.2 升力的产生

气流流到翼型前缘分为上、下两端,分别沿翼型上、下表面流过。由于翼型有一定正迎角:翼型上表面气流流线弯曲很大,流管变细,流速加快,压力减小;翼型下表面流管变粗,流速变缓,压力升高。因此,下表面压力大于上表面压力,这个压力差将导致翼型向着压力差的方向运动,这个压力差就是升力。翼型的迎角定义和升力的产生分别如图 2-2 和图 2-3 所示。

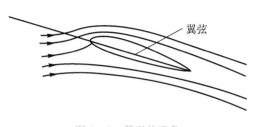

图 2-2 翼型的迎角   图 2-3 升力的产生

当旋翼转动时,每片桨叶都会产生升力。为了分析方便,我们把每片桨叶产生的升力合成为一个力,这个力作用于桨叶叶尖转动平面中心且与该平面垂直,这个力叫作旋翼有效力,也叫旋翼总空气动力,如图 2-4 所示。

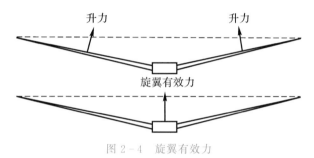

图 2-4 旋翼有效力

图 2-5 中的主桨叶形成一个倒锥体,桨叶和桨翼旋转平面的夹角称为锥体角,其定义为桨叶展向中心线和桨叶叶尖平面的夹角。

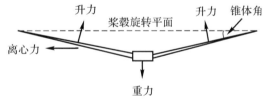

图 2-5 旋翼锥体角

锥体角的大小在任何给定状态下与以下三个因素有关:

(1)升力。升力越大,锥体角越大。

(2)离心力。桨叶旋转速度越大,桨叶所受离心力也就越大,从而桨叶与桨毂之间的距离就越大,因此锥体角也就越小。

(3)无人直升机质量。质量越大,桨叶必须产生的升力越大。因此,质量增大,锥体角也将增大。

实际飞行中,无人直升机的质量短时间内不会有明显的改变,因此对锥体角的影响也不明显。

主桨叶是一个巨大的旋转质量体,实际飞行中,其转动速度基本保持不变。因此,在整个飞行中,桨叶产生的离心力基本保持不变,只有升力是一个可变因素,影响锥体角的大小。

2.2.3 阻力的产生

空气作为流体具有黏性,因此,任何物体在空气中运动都会产生阻力。对于无人直升机来说,阻力有以下几种形式。

(1)型阻:通过机身整体外形生成,一个好的机身外形能够降低但是始终无法排除这一阻力。

(2)废阻:由机身的外部附件(如起落架、浮筒、外挂副油箱等)产生。安装不正确的面板、受腐蚀的前缘等也会产生废阻。

(3)翼型阻力:由桨叶在空气中转动产生。桨叶角越大,阻力越大;桨叶角越小,阻力越小。桨叶角是指桨叶翼型的弦与桨毂旋转平面之间的夹角,也称作变距角或安装角。

(4)诱导阻力:旋翼转动时,因桨叶的作用,空气被诱导向下流过主桨毂,空气的流动产生作用力,这种阻力叫作诱导阻力。诱导阻力在无人直升机悬停时最大,因为此时空气相对飞机没有运动;当无人直升机处于飞行状态时,空气与飞机有相对运动,诱导阻力减小。

上述各种阻力作用于无人直升机及其旋翼系统,阻力的综合效应称作总阻力。

2.2.4 推力的产生

当旋翼转动平面发生倾斜时,旋翼有效水平分量为推力。推力的大小由桨盘倾斜角决定,倾斜角越大,推力越大,升力越小,即在推力加大的情况下,要使旋翼有效地保持足够的升力以平衡飞机重力。

一旦无人直升机进入转换飞行状态,主桨盘的前倾会引起无人直升机机身的前倾,从而使整个主桨毂前倾,主桨毂又和主桨轴装配在一起,因此主桨轴也会前倾。这时周期操纵量就可以减小。

周期变距后,整个旋翼旋转平面倾斜,桨叶角交替变化,桨叶向上或向下挥舞。

图2-6说明机身姿态变化后能够引起旋翼旋转平面的进一步变化,从而周期操纵量可略微减小。

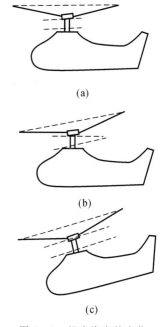

(a)

(b)

(c)

图2-6 机身姿态的变化
(a)直升机在悬停状态;
(b)直升机在过渡飞行状态;
(c)直升机在转换飞行状态

2.3 垂直飞行和悬停

2.3.1 垂直飞行

无人直升机的一个重要特点是具有垂直上升和下降的能力,不需要跑道起飞。

如前所述,旋翼有效力的作用点在桨盘的中心,作用方向垂直于叶尖的旋转平面。

若全部桨叶的桨叶角都同时并等比例地增大,则各桨叶所产生升力也随之增大,旋翼有效力也随之变大,旋翼有效力变大至超过无人直升机重力后,无人直升机竖直向上飞行,如图 2-7(a)所示。

利用主桨叶的桨叶角同步等量变化得到垂直飞行称为变总距,无人直升机通过地面操控进行变总距,从而实现垂直上升或下降。如果飞行中旋翼有效力减小到小于无人直升机的重力,则无人直升机将垂直下降,如图 2-7(b)所示。

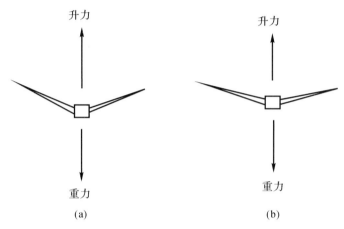

图 2-7 无人直升机垂直飞行时的受力

总距变化时桨叶对相对气流迎角会变化,对桨叶的阻力随之变化。增大桨距会使桨叶迎风面积变大,阻力变大,若不采取补偿措施,桨叶转速会降低,升力增大会抵消相应下降。因此在增大总距时应提供附加功率来维持旋翼转速恒定,反之亦然。为了达到这一补偿的目的,在无人直升机的设计中,总距操纵系统内接油门杆,在加大总距的情况下自动加大油门来提供附加功率,在总距缩小的情况下油门会自动缩小来降低功率输出。实现该功能的装置为油门内联装置。

2.3.2 悬停和地面效应

当旋翼升力大于无人直升机重力时,直升机将垂直上升,若升至某一高度而减小旋翼升力使其等于重力的大小,无人直升机将停止上升,这种飞行状态称为悬停。

只要旋翼能产生足以平衡飞机重力的升力,无人直升机就能悬停于任意高度上。

无人直升机悬停于较低高度,也就是离地面很近的时候,就会出现所谓地面效应。多因桨叶叶尖空气速度大而形成由叶尖向地面流动的气帘,使主旋翼旋转所携带的下洗气流集中于桨盘及机身下,使主桨下端的空气密度相对提高,因而升力加大,地面效应明显。其结果是升力因地面效应而增加,维持悬停的动力随之减少。

地面效应的最大有效高度大约等于旋翼直径的一半,随着飞行高度逐渐增大至旋翼直径,地面效应逐渐减小直至完全消失,如图 2-8 所示。

地面效应的另一个名称叫作地面气垫,当无人直升机从悬停转为前飞状态时,由于主桨平面的前倾使得空气向后移动,无人直升机不得不提高功率来弥补地面效应下降造成的升力下降。

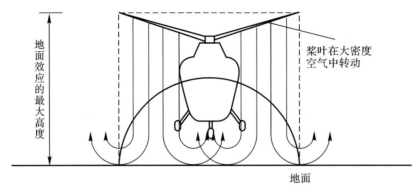

图 2-8　地面效应

2.4　过渡飞行和转换飞行

2.4.1　过渡飞行

所谓过渡飞行,就是无人直升机由悬停状态转换到飞行状态的飞行过程。为了达到这一过渡,主桨叶的旋转平面应先向所要求的飞行方向倾斜。因旋翼有效力垂直于叶尖旋转平面,故旋翼有效力还会向同一方向偏移,从而打破悬停过程中升力与重力的平衡(见图2-9),综合了两种力,得到如图 2-10 所示的合力。

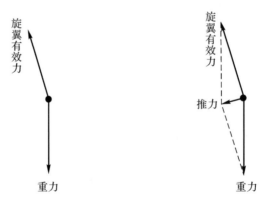

图 2-9　主桨旋转平面倾斜时的受力　　　图 2-10　推力的产生

如图 2-10 所示,升力与重力之合力由于未实现平衡,无人直升机就会沿合力方向移动,此合力称为推力。

由图 2-10 还可以看出,旋翼有效偏转所形成的合力(即推力),作用方向不水平,只是略微向下倾斜,若不作修正,直升机将在前飞的同时还将下降高度;伴随着地面效应的失去,其下降速率会迅速增加。

为了补偿以上现象,要提高旋翼的有效力并将合力的方向改变成水平,在操控方面,应加大总距,这就可以让无人直升机在水平方向飞行。又可理解成过渡飞行阶段无人直升机旋翼旋转平面应偏向要求飞行方向,而加大总距来提高发动机动力,从而实现旋翼有效偏转和加大。其垂直分量之一为升力并与重力保持平衡;水平分量之一可将直升机带入水平飞行,如图 2-11 所示。

图 2-11　水平飞行状态时的受力图

2.4.2　转换飞行

转换飞行是指除垂直飞行以外的其他飞行状态。要进入转换飞行状态,应将旋翼旋转平面向着所需方向倾斜,旋翼有效力的水平分量将使直升机向着所需方向运动。

若桨叶的桨叶角增大,攻角增大,则桨叶所受升力增大,桨叶向上挥舞;反之,桨叶的桨叶角减小,攻角减小,桨叶产生的升力减小,桨叶向下挥舞。

因此,若桨叶旋转圆周上的前半部分桨叶角在旋转圆周上逐渐变大,后半部分桨叶角逐渐变小,桨叶就会在旋转圆周上的前半部分往上摆动,后半部分就会往下摆动,最后结果使旋翼旋转平面倾斜而旋翼有效偏转。

图 2-12(a)为悬停状态,图 2-12(b)为转换飞行状态。

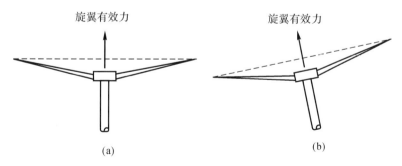

图 2-12　旋翼有效力在不同状态时的方向

实现转换飞行状态的操纵叫作周期变距,周期变距时,将使所有主桨叶的桨叶角沿圆周交替变化,桨叶随之向上或向下挥舞。

周期变距指令由地面输入,通过操纵机构传递到主旋翼上,最常见的操纵机构是倾斜盘机构。倾斜盘机构通常由两个倾斜盘组成,一个是固定倾斜盘,另一个是转动倾斜盘。当地面发送周期变距指令时,固定倾斜盘将向同方向倾斜,这个动作将传递到转动倾斜盘上使之同样倾斜,转动倾斜盘与变距机构直接连接,因此倾斜动作将逐渐反馈到桨叶上,从而导致桨叶角的逐步变化,桨叶将在其转动圆周的一半中增大桨距,而在另一半中减小桨距,从而实现桨距的周期操纵。

2.5 升力不对称和桨尖失速

2.5.1 升力不对称

这一现象出现于水平飞行状态下,因为前进桨叶与后退桨叶之间相对气流速度发生变化,造成整个旋翼旋转平面上升力的不对称。

从升力计算公式 $Y=(1/2)\rho v^2 S C_y$ 中可以看出,如果空气密度、桨叶面积和升力系数保持不变,升力的变化将与相对气流速度的二次方成正比。

如图 2-13 所示,假定无人直升机前飞速度为 100 km/h,旋翼桨叶叶尖旋转速度为 500 km/h,那么前进桨叶叶尖对气流合成速度为 500 km/h+100 km/h=600 km/h,后退桨叶叶尖对于气流合成速度为 500 km/h-100 km/h=400 km/h,因为两侧气流相对速度不等,升力正比于速度的二次方,所以前进桨叶会产生大于后退桨叶的升力。

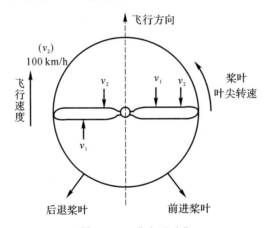

图 2-13 升力不对称

升力的变化将引起前进桨叶挥舞增大、后退桨叶挥舞减小,桨叶的向上挥舞会减小前进桨叶的攻角,向下挥舞会增大后退桨叶的攻角,从而最终使旋翼旋转平面的升力平衡。但是,桨叶前进时向上挥舞和后退时向下挥舞会使整个旋翼旋转平面向后倾斜,而无人直升机前飞时旋翼旋转平面向后倾斜显然不是我们所希望的。

因此,必须通过其他方法来平衡升力的不对称,即采用周期变距操纵法。为使无人直升机前飞,应增大周期操纵量,当无人直升机从过渡飞行状态转入水平飞行状态时,无人直升机开始获得前进速度,旋翼旋转平面两端将出现升力的不对称而引起旋转平面有向后倾斜的趋势,这时增加周期操纵量,使前进桨叶的攻角减小,桨叶产生的升力减小,后退桨叶的攻角增大,产生的升力增大以达到升力平衡。

图 2-14 为周期变距过程。

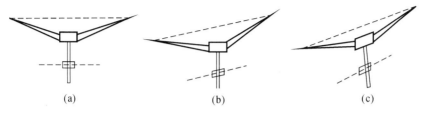

图 2-14 周期变距过程

(a)悬停; (b)过渡飞行状态; (c)水平飞行状态

2.5.2 速度限制和桨尖失速

速度限制主要指旋翼转速和直升机飞行速度的限制。

旋翼转速限制必须考虑以下几个问题:

(1)离心载荷。转速越大,对桨叶施加的离心载荷也越大,桨叶所受离心载荷越大,对其强度提出的要求越高,在设计中必须寻求桨叶强度与翼型选择间的平衡。

(2)升力要求。如果旋翼转速太低,桨叶就不能产生足够的升力以克服飞机的重力。

(3)桨叶惯性。桨叶惯性作用会使桨叶飞行时转速改变受阻。

事实上,在各种飞行状态下,主桨叶转速基本上都维持在较小的变化区间。

制约无人直升机飞行速度的主要因素之一就是后退桨叶失速问题。在大飞行速度范围内,当气流流经后退桨叶时,叶根气流方向会转变为由后缘向前缘方向流动,这是因为这时叶根的速度远低于飞行速度。

有了它,这一区域就没有升力了。该区域位于后退桨叶叶根部,外形近似于三角形,飞行速度越大,三角形面积越大,导致升力不对称越严重。在此背景下,需要进一步提高周期操纵量以克服此现象,一旦周期操纵量无法继续增大且没有完全克服失速,飞行速度将无法继续增大,因为旋转平面将开始向后倾斜,如图 2-15 所示。

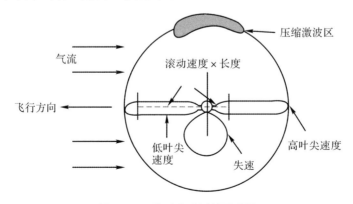

图 2-15 桨叶失速区域示意图

若提高旋翼转速以克服后退桨叶叶根部失速,则会导致另外一种现象即前进桨叶上激波的出现。其原因是前进桨叶在叶尖的旋转速度与飞行速度加起来很可能会在声速范围内,并在叶尖形成激波,导致前进桨叶升力下降,使无人直升机振动严重。这一现象一定要避免,因此无人直升机设计时,必须考虑飞行速度限制。

2.6 尾 桨

有些无人直升机设计时不采用尾桨系统,而采用双主桨系统且转动方向相反,但绝大多数无人直升机仍采用单主桨系统和尾桨系统。

牛顿第三定律指出,任何物体受到外力的作用,必将产生一个与作用力大小相等、方向相反的反作用力。当无人直升机主桨在发动机的驱动下按某个方向转动时,一定会有一个与转动方向相反的反作用力试图使无人直升机反方向转动,这个反作用力称作发动机反扭矩。

显然,要使机体不停止主桨旋转时的反方向旋转是不可取的,因此可在无人直升机上安装尾桨系统来产生侧向力偶,该侧向力偶的方向要和发动机反扭矩力偶的方向相反,如图2-16所示。

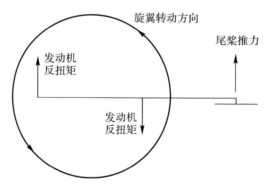

图2-16 作用在无人直升机的力偶示意图

尾桨可安装于机身尾梁上任意一边,西方现代无人直升机主旋翼旋转方向一般为俯视逆时针,这时若将尾桨安装于尾梁左边则称为推力尾桨,安装于右边则称为拉力尾桨。

发动机反扭矩随着发动机功率的变化而变化。因此,当无人直升机在进行自动操控时,尾桨产生的平衡力偶也必须随着发动机功率的变化而变化。

无人直升机尾桨除平衡主桨反扭矩之外,同时为无人直升机航向操纵提供动力。

驱动尾桨所需动力来源于发动机输出的总动力,该总动力一部分为驱动主桨所需动力,另一部分为驱动尾桨所需动力。尾桨距越大,尾桨耗用功率越大,主桨使用功率越小,主桨输出升力也越小,须加大总距来弥补,否则无人直升机会降低高度;尾桨距越小,尾桨所耗用的动力就越小,那么用在主桨上的动力就越大,主桨所产生的升力也就越大,无人直升机就会升得更高,补偿操纵也是必要的。

第3章 无人直升机功能性能

3.1 无人直升机飞行性能概述

无人直升机飞行性能指无人直升机的最大速度、平飞性能、升降率、升限、航程、续航时间和转弯坡度等所达到的数值。这些项目数值的大小是由无人直升机所装发动机的可用功率与飞行的需用功率共同决定的,可用曲线表示。

无人直升机的飞行性能分为垂直飞行性能与前飞性能两种。无人直升机垂直飞行性能是指在定常状态(力与力矩均在平衡且不存在加速度运动)下,在不同高度(上升速度),上升率等于零(悬停高度),上升率等于一定规定值(0.5 m/s),其理论静升限与实际静升限相等。因为近地面存在着地面的影响,所以决定悬停高度时,应表明是否存在地面的影响。

无人直升机前飞性能同一般飞机的飞行性能相似(见飞机飞行性能),包括:

(1)定常平飞性能,指在不同高度的巡航速度(经济速度)、有利速度和最大速度;

(2)续航性能,指在不同高度的最大航时和最大航程;

(3)定常爬高性能,指在不同高度的最大爬高率(爬高时的垂直速度分量)、理论动升限(带有平飞速度的最大高度)和实用动升限;

(4)定常自转下滑性能,指在不同高度的最小下滑率和最小下滑角。

估算无人直升机飞行性能主要依据旋翼的空气动力合力与无人直升机的质量和机体受到的空气动力之间力的平衡,以及旋翼可用功率与需用功率之间功率的平衡。旋翼的可用功率是发动机的出轴功率减去传动装置等的功率损失后输给旋翼的功率。旋翼的需用功率包括克服旋翼型阻和诱导阻力的功率,克服机体废阻的功率和用于无人直升机爬高的功率(参看空气动力特性)。给定无人直升机的质量、发动机的功率特性以及旋翼与机体的空气动力特性等参数,基于力的平衡原理可得到一定高度的可用功率与需用功率随平飞速度的变化关系。这种关系是估算无人直升机飞行性能的基础。平飞速度提高后,旋翼型阻功率基本不变,仅在大速度时由于激波损失影响而变大,旋翼诱导功率由大逐渐变小,机体废阻功率由小急剧变大。三者之和就是平飞过程中旋翼的需用功率随速度的变化关系,即功率在低速度时较大,在中速度时较小,在高速度时又很大。可用功率扣除平飞需用功率的剩余功率基本上都能用于爬高。存在不同高度的曲线族时,无人直升机的各项飞行性能可根据可用功率大于、等于或小于需用功率的情况判断。

3.2　飞　行　性　能

3.2.1　悬停和垂直飞行

基于叶素理论所推导出的垂直飞行中的拉力和功率的关系如下式所示：

$$C_P = k_i \lambda C_T + \frac{s C_{D0}}{4} \qquad (3-1)$$

其中需用功率包括与桨叶升力有关的诱导功率和与桨叶阻力有关的型阻功率。将式（3-1）量纲化如下：

$$P = k_i (v_c + v_i) T + \frac{1}{8} C_{D0} \rho A_b v_T^3 \qquad (3-2)$$

基于动量定理推导，写成下式中所示的诱导形式：

$$v_c + v_i = \frac{1}{2} v_c + \sqrt{\left(\frac{1}{2} v_c\right)^2 + \frac{T}{2\rho A}} \qquad (3-3)$$

在本节的型阻功率表达式中：A_b 是整个桨盘的面积，等于 sA；v_T 是桨尖速度，等于 ΩR。该部分与爬升速度 v_c 无关，因此，由式（3-3）可得出，在爬升过程中型阻所消耗的功率与在悬停中是相同的。

如果式（3-1）中拉力的单位是 N，速度的单位是 m/s，面积的单位是 m^2，空气密度单位是 kg/m^2，则功率单位是 W，或者除以 1 000，表示为 kW。若采用英制度量衡，拉力单位是 lb，速度单位是 ft/s，面积单位是 ft^2，密度单位是 slug/ft^3，则功率单位是 lb·ft/s，或者除以 550，表示为 HP。

为做性能评估，式（3-1）分别计算了主旋翼及尾桨的需用功率。尾桨功率计算部分不包含 v_c，整个公式中所需拉力用于平衡悬停中主旋翼所产生的扭矩，这就需要对悬停的平衡性进行计算，由以下公式得出：

$$Tl = Q \qquad (3-4)$$

式中：Q 是主旋翼扭矩；l 是尾桨轴距离主旋翼轴的垂直力臂。尾桨功率占主旋翼功率的 $10\% \sim 15\%$，这两项还各需添加桨尖损失和辅助驱动所需的功率，大约高达 5%。以上各项合起来组成了给定主旋翼拉力或无人直升机质量的主轴处的需用总功率，记为 P_{req}。可用功率 P_{av} 由发动机数据确定，包括发动机自身功率损耗。在给定周边环境，以及不受地面效应影响的条件下，这两项功率的比较决定了无人直升机悬停时的载重。在地面效应作用下的无人直升机载重能力可由经验公式推导得出。通过比较计算 P_{req} 和 P_{av}，可得出给定大气条件下和给定质量的无人直升机垂直飞行可上升的最大高度。

为了能够充分理解上升速度对功率变化的影响，引入下式：

$$v_i^2 + v_c v_i - \frac{T}{2\rho A} = 0 \qquad (3-5)$$

通过所得解，诱导（包括 k_i）及上升功率之和为

$$P_{i+c} = T\left(v_c - \frac{k_i v_c}{2} + \frac{k_i}{2} \sqrt{v_c^2 + \frac{2T}{\rho A}}\right) \qquad (3-6)$$

以 v_0 表示悬停状态下的诱导速度(给定拉力),可得

$$P_{i+c} = \frac{T}{2}\left[v_c(2-k_i) + k_i\sqrt{v_c^2 + 4v_0^2}\right] \qquad (3-7)$$

对式(3-7)等号两边进行 v_c 偏导可得

$$\frac{\partial P_{i+c}}{\partial v_c} = \frac{T}{2}\left[(2-k_i) + \frac{k_i v_c}{\sqrt{v_c^2 + 4v_0^2}}\right] \qquad (3-8)$$

因此,用很小的有限量表示可得

$$\frac{\partial P_{i+c}}{\partial v_c} = \frac{T}{2}\left[(2-k_i) + \frac{k_i v_c}{\sqrt{v_c^2 + 4v_0^2}}\right] \qquad (3-9)$$

这里用 v_0 进行了进一步简化,所得公式表示了功率和上升速度之间小增量变化的关系。若该公式反向推导也成立,则给定功率变化值,可得出上升速度的变化,式(3-7)变化为

$$\Delta v_c = \frac{2\Delta P}{T\left[(2-k_i) + \frac{k_i v_c}{\sqrt{v_c^2 + 4}}\right]} = \frac{\Delta P}{W}\left\{\left(\frac{2}{k_D}\right)\frac{1}{\left[(2-k_i) + \frac{k_i v_c}{\sqrt{v_c^2 + 4}}\right]}\right\} =$$

$$\frac{\Delta P}{W}\text{climb rate factor} \qquad (3-10)$$

此处的拉力在平衡状态下,设定为等同于直升机重力。参数用来表示拉力,用以平衡在上升过程中机身载荷的增量。k_i 取 1.15,k_D 取 1.025,式(3-8)以曲线表示,如图 3-1 所示。

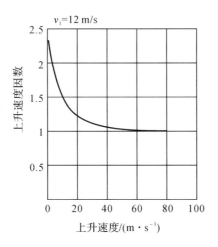

图 3-1　上升速度因数

随着上升速度增加,上升速度因数从悬停时接近 2.5 的值降到无限接近 1。这是因为,当无人直升机从悬停开始上升时,下洗流会产生一个减量,节约的功率有利于发动机可用功率的增加。随着上升速度的增加,下洗流就会减少到一个非常小的量,上述优势便不再存在,盈余的发动机功率全部用于产生上升速度。在零上升速度和高上升速度(6 000 ft/min)之间,2∶1 是上升速度因数变化的一个典型值。在脑海中想象一下,尽管在小速度情况下,

无论是上升或下降,和桨盘相关的桨尖涡流的垂直运动都会对功率产生一定的影响,该影响是无法用动量定理反映的,但事实上,该影响会在上升初期使消耗功率减小,而在下降初期使消耗功率增加。显然,在此情况下,式(3-4)及由此推出的结论将不再适用。

3.2.2 水平飞行

水平飞行中的功率-拉力关系,其理想状态下的公式为

$$C_P = C_Q = \lambda_i C_T + \frac{1}{4} s C_{D0}(1+3\mu^2) + \mu \frac{D_P}{W} C_T \qquad (3-11)$$

有经验常量的公式为

$$C_P = k_i \lambda_i C_T + \frac{1}{4} s C_{D0}(1+k\mu^2) + \mu \frac{D}{W} C_T \qquad (3-12)$$

通常认为式(3-12)更适合于实际应用,并且能充分满足性能初步计算的需要。由式(3-12)可以看出,功率系数是多个独立项的线性之和,分别是诱导功率(旋翼升力相关)、型阻功率(桨叶部分阻力相关)以及附加功率(机身阻力相关)。式(3-12)实际上是一个能量方程,其中每一项都是独立的可识别的能量项,且各项在逐渐递减,由各表达式也可直接计算得出各项的结果。将式(3-12)量纲化可得

$$P = k_i v_i T + \frac{1}{8} C_{D0} \rho A_b v_T^3 \left[1+k\left(\frac{v}{v_T}\right)^2\right] + \frac{1}{2}\rho v^3 f \qquad (3-13)$$

式中:v_T 为桨尖速度;v 为前飞速度;f 为机身等效平面面积;诱导速度 v_i 基于动量定理由下式给出:

$$v_i = \frac{T}{2\rho A} \frac{1}{\sqrt{v_x^2 + (v_z+v_i)^2}} \qquad (3-14)$$

不过,如果假设桨盘倾角非常小,式(3-14)则可简化为

$$v_i = \frac{T}{2\rho A} \frac{1}{\sqrt{v^2 + v_i^2}} \qquad (3-15)$$

式中:v_z 与 v_i 相比很小,可忽略不计,v_x 写成 v,式(3-10)的解由下式得出:

$$v_i^2 = -\frac{1}{2}v^2 + \frac{1}{2}\sqrt{\left[v^4 + 4\left(\frac{T}{2\rho A}\right)^2\right]} \qquad (3-16)$$

还应考虑到尾桨功率和传输及附件消耗的功率,综合以上功率,当 $v=0$ 时约占总功率的 15%;在高速时,约占 8%。另外,如果以上结论可用,则所属各项可通过计算分别得出。在前飞速度大于 5 m/s 甚至更高时,拉力 T 可假设等同于重力 W,此时,型阻不容忽视。图3-2给出了以飞行速度为函数的总功率的典型分类。

由图3-2可以看出,诱导功率在悬停时起主导作用,但在高速度前飞时起的作用却很小。型阻功率随前飞速度呈缓慢增长,直到高速时才有明显上升。附加功率在悬停时等于零,以 v^3 曲线增长,在高速时占主要部分,约为总功率的一半。受各种功率综合影响,总功率变化呈现"水桶"形,悬停时较高,中速前飞时降到最低,再高速前飞时快速上升至高于悬停值。因此,在不考虑高速前飞的情况下可以认为,无人直升机前飞过程中所耗费的动力比悬停情况下小。

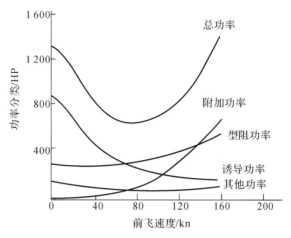

图 3-2　水平前飞状态下的典型功率分类

在进行快速性能计算时,图表是非常有用的辅助手段,如果功率表示为 $\dfrac{P}{\delta}$,其中 δ 为该海拔处的空气密度,则可用一张功率网格图表示 P/δ 和 W/δ 之间的变化关系,如图 3-3(a)(b) 所示。为方便起见,将网格图分为两部分,分别表示低速和高速部分。当质量、速度和密度已知时,则可由图 3-3 直接读出水平飞行需用功率。

以上是对无人直升机性能的一个简要分析。

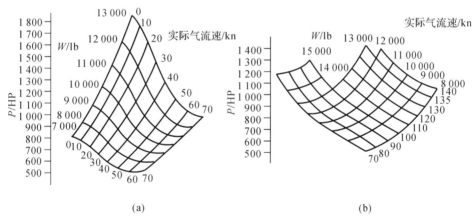

（a）　　　　　　　　　　　　　　　　　　　（b）

图 3-3　用于快速计算的功率网格图

（a）低速；（b）高速

3.2.3　爬升

首先初步假设爬升中的型阻功率和附加功率与水平飞行中的相同,只有诱导功率需重新计算,因为上升过程中被迫产生的下洗流会使部分值 v_i 减小,但需增加上升作用项 Tv_c。总功率系数公式变为

$$C_P = k_i \lambda_i C_T + \frac{1}{8} C_{D0} s (1 + k\mu^2) + \frac{1}{2}\rho\mu^3 \frac{f}{A} + \lambda_c C_T \qquad (3-17)$$

通常在最小功率-前飞速度的情况下计算爬升性能。在这种情况下,其从水平飞行状态到爬升的变化值可忽略不计,因此,上升速率可表示为

$$v_c = \frac{\Delta P}{T} \tag{3-18}$$

式(3-18)是一个有效的近似解,但必须有一定的地面限定条件,因为爬升动作增加了机身的俯冲姿态,其附加阻力在一定程度上要高于水平飞行时。同时,由于主旋翼扭矩在上升时有所增加[见式(3-12)],所以尾桨功率也必须有一个增量用以平衡。部分增加的可用功率被用以克服以上增量,因此,上升速率会有所减小,减小量约30%。最终,阻力的增加会使最佳上升速度减小到低于水平飞行的最小功率-速度值。

对于给定无人直升机重力,随着海拔的升高,用于上升的可用功率增量逐渐减小,主要是由于发动机性能参数的衰减。在最佳上升速度状态下,功率增量耗尽,无人直升机即达到了该重力条件下上升高度的绝对上限。实际情况下,如式(3-13)所示,绝对上限只可能无限接近,通常会用无人直升机上升速率降低到0.5 m/s时的高度来指代绝对上限。无人直升机重力越大,所有前飞速度下的需用功率就越大,因此,最大上升高度就越小。

由水平飞行功率桶形的轨迹,可以定义出飞行中最安全有效的速度,如图3-4所示。最小功率速度(A 点)决定了自转情况下的最小下降速率。同样,正如之前章节中讨论的那样,如果附加阻力随着直升机的上升增长迅速,则无人直升机最大上升率的速度取决于更小一些的速度(A' 点)。由于更多条件的限制,A 点也决定了最大持续飞行时间或巡航时间的速度。严格来说,持续飞行能力与燃油消耗速率直接相关,燃油消耗速率曲线与轴功率曲线非常相似,但仍存在一定差异,由于考虑到内部发动机的燃油消耗,以上差异可以忽略不计。

由原点引出的直线,与功率轨迹相切于 B 点,则在该速度点,无人直升机在自转情况下达到了最大滑翔距离。在该点,功率与速度的比值最小:该情况相当于固定翼飞机在最大升力-阻力比情况下的滑行状况。由上一段所述的燃油消耗曲线,也可得知速度 B 为最大速度上限,但这是在零风速的情况下。当存在一定风速时,根据实际风速情况,从速度轴的相应点向功率轨迹引出切线,相交的 B' 点即该风速下的最佳上限速度。同理,在顺风情况下,从速度轴的负轴某一点引出切线,得到的最佳上限速度要小于 B。

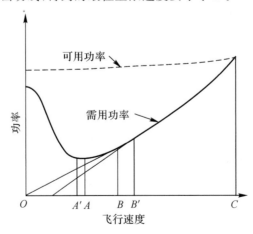

图 3-4　最佳速度和最大速度

3.2.4　最大平飞速度

后行桨叶失速和前进桨叶阻力增加轨迹的包线可能是最大平飞速度的主导影响因素。如果是在有限功率情况下,最大平飞速度取决于主轴处需用功率和可用功率轨迹的交点(C),如图 3-4 所示。图中,在悬停情况下(无地面效应),假设可用功率大于需用功率,并且几乎不随速度值而变化,只在高速时由于发动机吸入管道的冲压影响而有少许增加。

当接近最大速度时,需用功率曲线由于附加功率 v^3 的变化呈大幅增长,并且据粗略估计,附加阻力此时可能已达到诱导阻力、型阻及其他阻力之和,几乎占总阻力大小的一半,且保持不变。因此,在最大速度时,用 P_{PARA} 来表示附加功率,有

$$P_{\text{AV}} = 2P_{\text{PARA}} = \rho v_{\text{MAX}}^3 f \tag{3-19}$$

则有

$$v_{\text{MAX}} = \sqrt[3]{\frac{P_{\text{AV}}}{\rho f}} \tag{3-20}$$

给定无人直升机可用功率 1 000 kW,平面阻力面积 1 m²,在海平面密度下,由上述公式推导的最大速度为 93.4 m/s。海拔高度越大,可用功率越小,需用功率可能因此增大或减小。通常来说,可用功率减小必然导致 v_{MAX} 减小。机身重力增加,需用功率增加(由诱导功率 P_i 得出),而可用功率不变,v_{MAX} 同样减小。

3.2.5　旋翼包线

旋翼桨叶在大迎角和有压缩性影响的高马赫数时的失速界限形成了旋翼的拉力包线。通常,该包线出现在可用功率范围内,其特征如图 3-5 所示。

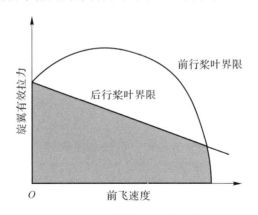

图 3-5　旋翼拉力包线特性

在悬停状态时,上述状况不随方位角而改变,且桨叶失速限定了旋翼有效拉力的变化。当前飞速度增加时,后行桨叶的最大拉力由于气动压力的减小(尽管随着马赫数的减小,最大升力系数有些许增加)而降低,这就使得可达拉力轨迹贯穿了整个前飞速度范围。由于反向效应,前进桨叶可能达到的最大拉力增加,但由于后行桨叶的限制,上述结论又是不现实的。然而,在更高速时,当前行桨尖马赫数达到 1.0,其升力开始受限于激波诱导流分离

影响,导致阻力增加或俯仰力矩发散,并最终限制可达到的最大速度。因此,该包线包含了由后行桨叶失速给定的拉力限定条件和由前行桨叶马赫数影响给定的前行速度限定条件。不考虑前行桨叶影响,后行桨叶失速最终会给定一个前行速度最大值。该包线的计算最好是通过计算机,这样可以考虑到以下诸多因素:复杂参数、不规则的诱导速度分布、升力斜率的可压缩性参数[通常是 $1/\beta$,其中 $\beta = (1-Ma^2)^{1/2}$,Ma 是桨叶部分马赫数],以及桨叶气动失速特性。

3.2.6 精确性能预估

自第二次世界大战之后,无人直升机技术高速发展,扩展电脑能力来计算无人直升机性能已成为了一个主要技术,其计算结果也许可能与从简单公式推导出来的结果并没有太大区别,但由于其计算的可行性不依靠于大量不确定的假设,与飞行试验或会议决策比较起来,其在设计定型方面还是非常重要的。因此,现今很多商业组织和研究中心都配备了计算机技术小组,用于所有主要阶段悬停特性、配平分析、前飞性能、旋翼拉力上下限等的性能计算。

顺便提及一下,一般来说,性能计算并不是最需要数值方法的地方,旋翼桨叶压力的复杂计算较之更为需要。另一个更重要的方面是需要对操纵特性进行量化,例如在一个不利的气动环境下,要对无人直升机飞行行为进行确定。

性能预估领域包含很多子项目,如果要达到最大精确度,不是个别主导,则需要分别详细评估。例如其中一个子项——附加阻力,这完全是一个外延学科,和固定翼飞机一样,它并不是我们需要考虑的主题,但关于它的理论却可以写满一整本书。为了计算需求,整个阻力需要分解成易处理的部分,其中包括简化的和非简化的,如机身迎角、表面粗糙度、泄露和冷却空气损失。Hoerner、Keys 和 Wiesler 以及其他作者在这方面编辑、整理了大量的资料,回顾这些资料以及其他相关背景信息,能从中获益颇多。

关于附加阻力,在前人的努力下,我们已得到了一个非常好的估算方法,然而功率计算精度的影响因素却取决于诱导和型阻功率[见式(3-12)],以及其他一些因素(如尾桨功率、传输损失和辅助功率)。提高诱导和型阻功率估算精度的方法在于要使用实际桨盘诱导速度分布和更精确的桨叶部分升力及阻力特性,包括气动影响。在旋翼方面还需要单独考虑一个问题,那就是要弄清迎角和桨叶旋转时所有相位角条件下从桨根到桨尖变化的马赫数值。这也基本上是计算机核心程序所做的事。在拉力、总桨距和周期桨距及挥舞角的基本公式计算中是经常需要用到迭代计算的,直升机旋翼分析的一个主要难题在于每个方程都不能单独求解,需在共同作用下进行计算。例如:先给出拉力值和挥舞系数,相应地就可计算出桨距角、总距和周期桨距;之后便可确定出桨叶角及桨叶各部分马赫数值。由此,对比于最初设定的数值,便可将升力整合进总体拉力中。当迭代收敛时,需用功率、拉力上下限等便可一一确定。

以上仅对性能预估进行了简要概述,如果要进行深入研究,则必须要注意到更多的细节,在 Stepniewski 和 Keys 所编写的书中,透彻且完美地阐述了性能预估的整个过程,并且包含了读者们想掌握的复杂计算部分。

3.2.7 世界速度纪录

1986 年 8 月,人们利用韦斯特兰"山猫"直升机研究了其飞行速度,并创下了世界速度纪录。进行这一研究的诱因是"山猫"直升机的一次飞行试验,在该试验中,"山猫"直升机被装上了一种新型桨叶,此桨叶在桨叶部分采用了皇家航空研究中心研究的可增强升力的"96"系列翼型设计,在桨尖部分采用的是韦斯特兰公司研究的后掠翼设计,该设计可延迟桨尖失速。这一试验证明了通过增加 35%～40% 的桨叶面积,不仅能改善直升机飞行包线,还能在现有基础上提高其水平飞行速度。

上述试验中直升机的桨叶根据各部分的不同速度情况和升力需求,其内部、中部和桨尖部位分别采用了不同的翼型设计。桨尖部位的设计要明显比其他两个部位的薄。整体桨叶采用独特的制造工艺,由单翼梁的玻璃纤维制成。试验中的直升机即标准的"山猫"直升机(通用版本)加装一个滑行起落架,起落架上的突起阻力已被减至最小,同时,采用的流线型设计也减小了旋翼桨毂的阻力。喷射水和甲醇混合液的方法也增强了发动机的功率。以上这些措施的目的是为了保证当飞行包线有较大缓和变化时,飞机功率不会因此有不必要的受限。

为了得到更好的飞行速度,试验中又将 15 km 的航迹飞行改为高于萨默塞特水平的地面 150 m 飞行,这也正好处于官方要求的海拔高度范围内。在此高度下,直升机向两个相反方向飞行的平均速度是 400.83 km/h,远超于之前 33 km/h 的纪录。同时,该直升机在速度接近其桶形轨迹边缘时还有格外突出的上升速率,远超于仪表指示最大范围 20 m/s。以上都显示了该直升机的优秀飞行性能。图 3-6 为该直升机在飞行中的图片,图 3-7 为旋翼桨叶的一个特殊角度观察图。

图 3-6 前飞中的世界纪录直升机(韦斯特兰公司提供)

图 3-7　世界纪录直升机上的 BERP 旋翼桨叶（G-山猫）（韦斯特兰公司提供）

3.2.8　关于真正低阻力直升机的思考

本节的中心思想主要来自于 M. V. Lowson。关于真正低阻力直升机的思考是非常有意思的,至少我们可以假设,和现有的直升机典型功率相比,最低巡航功率也许可以在未来真正的低阻力直升机上实现。无论是在工业或载客行业,随着距离飞行的发展,人们对节能高效的需求越来越紧迫。燃油消耗的增加将会导致其他运营费用的缩减,这在直升机(现今占主要部分的是维修费用)和固定翼飞机之间各有不同,相比较而言,目前人们更感兴趣的是实现真正低阻力直升机的可能性有多大。

由图 3-2 可知,在高前飞速度情况下,考虑到所有的功率组成部分,真正低阻力(RLD)直升机的实现在于附加阻力的大幅减少的可能性。这并不是一个不可能的任务,目前直升机的附加阻力仍是固定翼的 4～6 倍。以一架质量为 4 500 kg 的直升机为例,将其附加阻力转换成相应的平面面积,见表 3-1。以下为了方便起见,所有的计算都采用英制单位。折合总面积为 14.05 ft^2,这比目前可达到的最佳值要稍高一些,不过和 18 000 lb 重的直升机相应面积 19.1 ft^2 线性靠近,该数据在 Stepniewski 和 Keys 的典型算例中用到过。

表 3-1　现有直升机和目标直升机阻力数据比较

	现有直升机	目标 RLD 直升机
机身面积/ft^2	2.74	2.3
机舱面积/ft^2	0.80	0.4
尾翼面积/ft^2	0.45	0.3

续　表

	现有直升机	目标 RLD 直升机
旋翼桨毂面积/ft²	4.29	0.8
起落架面积/ft²	1.55	0
其他面积/ft²	4.22	1.2
合计面积/ft²	14.05	5.0

　　表 3-1 中所列的 RLD 直升机目标值是通过以下推论得来的。根据标准课本,如 Hoerner 和 Goldstein,基于机头区域阻力系数 0.05 的最小机身阻力,在该例中对应平面面积为 2 ft²,这并不是严格意义上的最低值,因为传统意义上的直升机都有较大的机舱,所以机头面积也会更大,相应地重力也会比固定翼要重。因此,目标值 2.3 ft² 整体来说还是合理的,且可能更好。机舱和尾部阻力的减少也许在不久的将来就能实现,并且能发挥特殊作用。以旋翼桨毂阻力的减少为目标,但是由于表 3-1 中建议的数据是基于机头区域的阻力系数,约为光滑椭球体的两倍,所以即便在机头造型及流线设计方面下了很多工夫,也一直未能实现。起落架阻力假设可通过收起或其他的方式忽略不计。在现有直升机的诸多损耗中,占大部分的是发动机冷却损失,在这一方面可以做很多研究。尾桨桨毂阻力可假定与主旋翼桨毂阻力成正比减少,粗糙和突起损失自然也需降到最低。假设直升机附加阻力最终可实现 64% 的减少量,但这一目标在某些程度上仍然不如同等的固定翼飞机。

　　上述情况下,附加阻力减少了,则在巡航条件下,型阻功率成为了 RLD 总功率的最大组成部分。在现有的情况下减少型阻的最佳途径可能在于固定翼飞机超临界翼型剖面技术的发展,即在直升机桨尖部位运用该技术,则可延迟压缩阻力上升到更高马赫数,因此,如果桨尖速度变大,则需用桨叶面积变小,从而型阻减小。在这方面,研究人员已经做了一些改进,在第 4 章讨论的旋翼设计中,桨尖马赫数假定为 0.88,而在固定翼飞机研究中,阻力-上升马赫数已高达 0.95。缩短该方面的差距可减少桨叶型阻约 15%。如果另外再采用更薄的桨叶剖面设计,在 RLD 直升机上也许可实现型阻功率减少 20%。

　　减少诱导功率需使用更大的桨盘和更低的桨盘载荷,这就需要桨叶材料和结构技术的长足发展,以满足未来桨叶更大的纵横比。这些都有希望能实现,因为现有技术已经能够实现某些复杂环境下指定的作战需求,例如在高风环境下从舰船上起飞。因此,在巡航状态下,诱导功率大约能减少 10%。对于占较少比例的剩余功率,其减少量,我们也假定为同等比例 10%。

　　表 3-2 所列的是由图 3-2 中当航速为 160 kn 时得出的巡航功率,表中列出了目前的直升机数据以及根据以上分析得出的 RLD 直升机各数据,并将两者做了比较。RLD 直升机总功率的减少量占现有直升机需用功率的 41%,这一减少量使 RLD 直升机在低空飞行条件下,可以媲美某些特定的小型、固定翼或螺旋桨推进的商用飞机。定性地说,RLD 直升机附加阻力比固定翼飞机稍高,型阻与固定翼飞机相等或稍小(由于固定翼飞机翼面通常要

大于其在巡航状态下所需的面积,而直升机桨叶面积可以通过合适的制作,以避免不好的马赫效应),诱导阻力在桨盘直径大于固定翼翼展比的情况下比固定翼飞机稍小。尽管直升机在高海拔飞行情况下,跟固定翼相比其阻力的减少没有确切的答案,但是,同等地,固定翼飞机的飞行能力在低速飞行和悬停时就不如直升机了。

表 3 - 2　现有直升机和目标直升机功率数据比较

	现有直升机	目标 RLD 直升机
附加功率/HP	2.74	2.3
型阻功率/HP	0.80	0.4
诱导功率/HP	0.45	0.3
其他功率/HP	4.29	0.8
合计/HP	8.28	3.8

3.2.9　高海拔飞行训练

固定翼飞机高速飞行时比低速飞行更经济节约,飞行阻力减少,发动机(燃气轮机)效率提升,因此使得巡航速度和航程(单位燃油消耗的飞行距离)增加。无人直升机上也装有同原理的燃气轮机,因此笔者强烈意识到可以通过类似的改善措施来提升无人直升机的经济效益,不过,也不得不考虑这两者之间的现实差异。对于固定翼飞机来说,机翼面积基本上取决于地面飞行情况下的失速条件,增加巡航高度可以使失速和巡航条件下的需用面积更好匹配。对于无人直升机来说,桨叶面积由需用巡航速度决定,而需用装机功率由低速飞行状态决定。当海拔高度超过由后行桨叶失速限定的设计高度时,无人直升机旋翼不足以维持该海拔条件下的巡航速度。以下计算完全出于假设,用于说明原则上无人直升机高海拔飞行的可能性。该例中,选择海拔高度为 3 000 m,接近于零增压极限。

延用之前章节中用的英制单位,以一架较轻的典型直升机为例,总重 10 000 lb,有着很好的气动外形设计,尽管从传统意义上来说,该架机并不是有特别低的阻力,也没有特别先进的桨叶设计。由本章之前介绍的简便方法计算出需用功率,发动机燃料流量与现代燃气轮机的输出功率相关,因此,可计算出比航程(海里每磅燃油)为

$$比航程(n\ mile/lb)=前飞速度(kn)/燃料流量(lb/h)$$

假设飞行包线如 3.2.5 节中所述,受后行桨叶限制,W/δ 值从 80 kn 的 14 000 lb 降低到 180 kn 的 8 000 lb,其中 δ 是该海拔处的相对密度,结果如图 3 - 8 所示。在海平面(SL)、5 000 ft 和 10 000 ft 海拔高度处,以飞行速度为变量,标绘出比航程变化图。在这些交叉的曲线中:图 3 - 8(a)为飞行包线界限;图 3 - 8(b)为当地最佳航程速度;图 3 - 8(c)为功率限制曲线。

可以看到,在图 3 - 8(a)中,对于现今的直升机,飞行包线限制最大比航程为 0.219 n mile/lb,出现在 5 000 ft 海拔高度和低速(仅 114 kn)的情况下。就只考虑可用功率而言,最佳航程

海拔可能会达到 10 000 ft,甚至更高。

图 3-8(b)显示了大幅减少附加阻力的影响。假设附加阻力减少到现有飞机的 2/3,尚未达到 3.2.8 节中设想的目标值。在所有海拔高度下,大幅增加最佳航程速度条件下的比航程是可能的,但是,同上,由飞行包线施加的限制条件是不容忽视的,比航程只允许增加到 0.231 n mile/lb,该情况也发生在约 5 000 ft 海拔高度处和低速(120 kn)情况下。由此可以看出,在旋翼拉力没有大幅增加时,阻力减少的好处是不明显的。巡航速度比较强调了这一缺陷:在不考虑飞行包线限制的情况下,使用最佳航程速度比较,在所有海拔高度下,现有飞机可达到稍高于 150 kn,低阻力飞机较之更高,可达 200 kn。

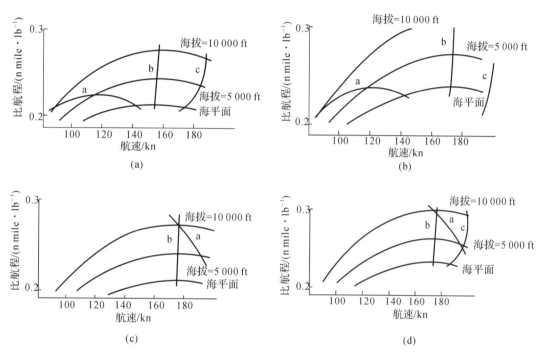

图 3-8　高海拔的比航程计算

在 10 000 ft 海拔高度,低阻力无人直升机将飞行包线扩大到最佳航程速度处,所需的拉力增量约 70%。假设低阻力直升机可通过增加同等百分比的桨叶面积以获取上述增量的拉力,其性能如图 3-8(c)所示。将质量和型阻功率的燃油消耗也考虑在内,并假设与面积成比例变化,则此时最佳航程海拔可高达 9 000 ft 以上,并且在海拔高度为 10 000 ft 及飞行速度为 170 kn 时,比航程几乎与之相同,约 267 n mile/lb;该数值与现有直升机相比,巡航速度增加了 60 kn,比航程增加了 22%。

笔者通过采用先进桨叶设计(最佳拱形叶片翼型和韦斯特兰后掠桨尖)来使桨叶面积达到一个较小增量,约 24.5%,以获取拉力的增加,性能比较如图 3-8(d)所示。质量及型阻功率的燃油消耗也相应减少。图 3-8(d)所示结果,较之图 3-8(c)中,在相同的巡航速度条件下,比航程可进一步增加到 0.293 n mile/lb,比现有直升机增长 34%。

通过以上计算,能看到进一步改善的可行性,甚至达到最大航程也是可能的。笔者已试验了其他方法来实现这一目标,如减少燃油负载或有效载荷以降低直升机质量的燃油消耗。在第一种假设条件下,图3-8(c)中航程减小了,但在图3-8(d)中,由此获得的收益要大于弥补缩减质量的损耗。表3-3总结了上述各配置性能比较情况。

表3-3 各配置性能比较

序 号	最佳航程速度/kn	海拔/ft	比航程/(n mile · lb^{-1})	质量损失/lb	最大航程/n mile	
					减少燃油负载	减少有效载荷
(a)	114	5 000	0.219	—	357	357
(b)	120	4 200	0.231	0	—	—
(c)	174	10 000	0.267	652	274	458
(d)	174	10 000	0.293	225	433	503

3.2.10 舰载训练

无人直升机拥有垂直起飞、降落以及悬停功能,因此,其非常适合在舰船的甲板上进行训练。然而,受甲板的位置、尺寸,舰船随波浪而进行的动作,以及海面上的强风等因素影响,该训练是非常危险的。不过,进行舰载训练有着非常大的好处,该收益已使得海军无人直升机发展成了一门非常重要的学科。在舰船上进行训练,无人直升机必须能克服以下困难:

(1)甲板有限的尺寸限制了无人直升机的动作;

(2)无人直升机必须能在高强风的条件下进行各项机动;

(3)旋翼下洗流和舰船上的空气流会互相干扰;

(4)舰船会移动;

(5)飞行员后视和下视的能见度非常受限。

以上困难直接影响到无人直升机的设计和操作。与甲板接触的瞬间是无人直升机降落最重要的一点,该瞬间并不是什么特别精妙的时刻,飞行员也会积极引导无人直升机降落。与所有的海军飞机一样,舰载无人直升机着陆时的垂直速度通常约为陆运无人直升机的两倍,这就迅速引起了起落架及机身配件的高载荷。因此,起落架支架的动态特性不仅必须能够吸收无人直升机的下降运动,而且当轴向载荷减小、起落架回弹时,必须能够提供一个非常高的阻尼。综合以上因素,海军无人直升机起落架是一个非常复杂的设计装置,并承担质量损失。降落以后,通过甲板锁将无人直升机机身安全地固定在甲板上。

不同的国家,舰载直升机靠近和降落到甲板上的方法是不同的。以下以英国皇家海军为例,其需要着重强调的是飞行员缺乏向下及向后的视野。另外,驾驶员座舱为两座设计,从飞机尾部向前看,飞行员坐在右侧。以下为一个典型的降落示例(见图3-9和图3-10)。

直升机从舰船的港口方向以3°的滑翔斜率开始靠近,在机库高度处相对于舰船悬停,且距船体及船上建筑1.5~2倍旋翼半径。然后机身平行于机库大门来回移动,直到直升机悬停在舰船的中心处。当舰船处在静止状态时,直升机靠近甲板,旨在实现稳稳降落(见图

3-9 和图 3-10）。起落架被设计用来吸收直升机的向下运动，并且能够限制任何向上回弹的倾向。如果可能，会选定一个反作用力作用在主旋翼上，压住直升机稳稳地停在甲板上，因此选用了甲板锁，为直升机和舰船之间提供了一个安全的机械链接，主旋翼拉力归零。起落架上装配的轮胎也是通过复杂工艺制作的，因此，直升机可以通过尾桨拉力提供转动力矩使其在甲板上机动。

图 3-9　葡萄牙"山猫"直升机降落轨迹（韦斯特兰公司提供）

图 3-10　一架"山猫"直升机降落时的起落架工作状态（韦斯特兰公司提供）

　　飞行甲板四周围绕的气流状况是需要特别关注的。飞行甲板通常安装在舰船的尾部，有机库的船体一边，其上气流状况是典型的锐化边缘分离，即钝头体分离。图 3-11 显示的是水槽试验中观察到的两种流体，这两种流体都适用于模仿垂直于舰船中心线的气流。上方的图仅显示了船体和甲板，气流从上风处的甲板边缘开始分离，到甲板上方和一股向上的空气进入一个循环区域。下方的图显示了增加机库的影响效果，沿着机库门边缘的上风处有一条分离线，在和原始分离线的共同作用下，生成了一个气涡流，该气涡流起源于机库门底角落，覆盖整个甲板区域。

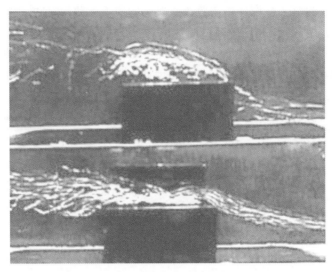

图 3-11 气流穿过船体和船体-机库效果图

如果气流从船首吹来,受机库影响的效果图如图 3-12 所示,该图由计算流体力学(CFD)计算而来。

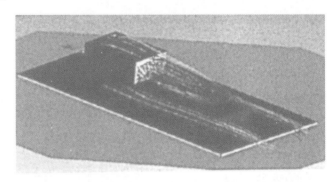

图 3-12 船首来流的 CFD 效果图(仅舰船)

机库顶分离的气流和最终紧贴甲板表面的气流对整个空气流起主导作用,事实上,气流与甲板的贴合点随着时间的变化而位置不同。而无人直升机也是在该气流条下横穿进入甲板的。旋翼下洗流与该气流相互作用的结果如图 3-13 所示。

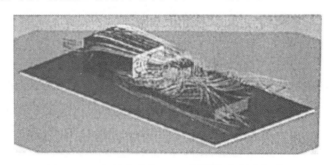

图 3-13 船首来流的 CFD 效果图(旋翼和舰船)

该气流完全被旋翼下洗流改变了,并随之产生了一些主要特征,如在旋翼前沿和机库门之间有一个非常重要的循环区域,这就是使得直升机舰载训练如此具有挑战性的重要原因。战舰上与船上建筑的气流更加复杂,为了提高隐秘性,船上建筑通常会有很大的变动。

如图 3-14 所示,雷达发射两种入射信号,通过使用倾斜的表面,使信号从两个特定方向返回,这将会减少信号被敌方截获的可能性。该技术被广泛应用于现代战斗机设计。图 3-15 显示了一架 45 型驱逐舰——HMS"无畏者"号,由图可以看到其船体和船上建筑倾斜面的设计。

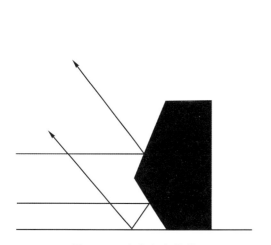

图 3-14　舰船加密外形

图 3-15　HMS"无畏者"号舰船外形

3.3　平衡性、稳定性和操纵性

3.3.1　平衡性

所有无人直升机飞行的基本原理都是空气动力、惯性力、重力以及三个相互垂直坐标轴的力矩始终处于平衡状态。在无人直升机稳定飞行(不旋转)状态下,力的平衡决定了主旋翼的在空间中的方向。无人直升机重心(CG)的力矩平衡决定了机身的姿态,当达到力和力矩的平衡时,称无人直升机为配平状态。配平的无人直升机,除了无人直升机的外力之和以及力矩之和为零外,无人直升机的操纵力也必须为零。

为了进一步讨论,需要定义水平安定面和垂直安定面的功能以及直接力矩的作用。

在稳定巡航状态下,水平安定面的功能是提供一个俯仰力矩用以抵消机身产生的力矩,从而减少旋翼产生的平衡力矩。平衡力矩越小,对旋翼可能产生的疲劳损伤就越小。在瞬态条件下,和固定翼飞机一样,水平安定面的俯仰力矩是稳定的,并且在一定程度上抵消了机身和主旋翼固有的静不稳定性。综合考虑飞行姿态(机身姿态)和重心位置比较理想的方法,通常是安装固定的水平安定面。

中央垂直安定面具有多种功能:它不仅提供稳定的偏航力矩,还为安装尾桨提供了结构支撑。由于主旋翼和尾旋翼的湍流尾流被机身切断,所以中央垂直安定面在恶劣的空气动力学环境中工作,但是可以通过在水平安定面翼尖附近提供额外的垂直安定面面积来改善垂尾的有效性。

当挥舞铰偏离主轴时(通常情况下,旋翼桨叶数量大于等于3片),桨叶上的离心力产生与桨盘倾角成比例的俯仰或滚转力矩(见图3-16)。这种效应被称为直接旋翼力矩,因为尽管力臂很小,但相对于气动力和惯性力,离心力非常大,其作用效果很大。在桨盘倾角相同的情况下,无铰旋翼大概会产生4倍于铰接旋翼的直接力矩。从分析上讲,铰接式旋翼典型偏移量为翼展的$3\%\sim4\%$,而柔性元件是其4倍。

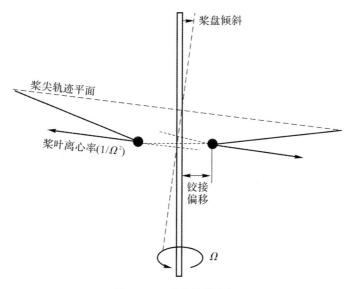

图 3 - 16   直接旋翼力矩

下面看看配平情况,在零风速悬停时,旋翼拉力在纵向平面是垂直的,其大小等于机身下洗流修正后的直升机重力。为了加速离开悬停状态,旋翼桨盘必须向前倾斜,并调整拉力大小,使其等于重力和加速度产生的惯性力的矢量和,且方向相反。在稳定的前飞状态下,桨盘向前倾斜,拉力大小等于重力和空气阻力的矢量和,且方向相反。

给定飞行条件下,机身的俯仰姿态取决于俯仰力矩和重心的平衡。首先,在不考虑直接旋翼力矩或水平安定面和机身力矩的情况下,直升机阻力(通过重心作用)和重力的矢量和必须与旋翼拉力在同一直线上。这个方向在空间中是固定的,机身的姿态就取决于重心的位置。根据图3-17(a)(b)所示,在重心靠前的情况下,机身的俯冲姿态比重心靠后的情况更严重。图3-17(c)显示了在重心靠前的情况下,直接旋翼力矩的作用。在该状态下,旋翼拉力与阻力和重力的合力大小相等,虽不在一条直线上,但相互平行,并产生一个力偶用以平衡其他力矩。类似的情况也存在于来自尾翼和机身的力矩。给定的前重心位置,在直接力矩作用下,机身姿态前倾的角度要小于其不考虑直接力矩的情况。重心位置靠后,则结果相反。在高速前飞条件下,为了达到平衡可能会引起机身姿态的过度前倾,除非水平安定面可以提供足够的恢复力矩。

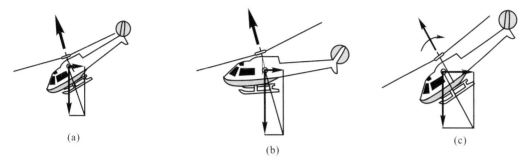

图 3 - 17　无人直升机的重心及俯仰力矩

为了平衡侧向力,在悬停状态下,主旋翼拉力矢量必须向侧面稍微倾斜,以产生平衡尾桨拉力的分力。这导致悬停姿态向左侧倾斜 2°或 3°(见图 3 - 18)。在侧飞状态下,倾斜用于平衡作用在无人直升机上的侧向阻力,该原理也同样适用于悬停状态遇到侧风的情况。在前飞状态下,上述情况同样存在,通过向右产生一个作用于机身的侧向力,在速度超过50 kn 时,该侧向力与尾桨拉力平衡,并保持零滚转姿态。

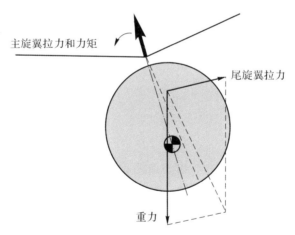

图 3 - 18　悬停状态下的侧向倾斜

在悬停状态下,当侧向力达到平衡时,无人直升机重力与尾桨拉力合力的投影通常来说不通过主旋翼重心,因此这就会产生一个滚转力偶,需要直接旋翼力矩来平衡。该力矩取决于桨盘轴和主轴的夹角,由于桨盘轴又取决于力的平衡,所以机身需要采用一个滚转姿态加以适应。在通常状况下,侧向拉力分量的作用线高于尾桨拉力的作用线,修正主轴轴线向桨盘轴靠近,也就是说,直升机以小的左滚转姿态悬停。将尾旋翼安装得高一些(接近主旋翼桨毂高度),可以最大限度地减小所需的左侧倾角。

偏航力矩平衡是通过调节尾桨拉力实现的,其作用是通过机身侧滑引起的气动偏航力矩和机动引起的惯性力矩来平衡主旋翼反扭矩的影响。

在给定飞行条件下,力和力矩要达到平衡,无人直升机必须稳定。一架不稳定的无人直升机,理论上是达不到平衡的,因为,无论是大气的还是机械的轻微干扰,都将使无人直升机偏离原来的状态。一架不稳定的无人直升机也很难配平,因为尽管存在配平控制位置的组合,但由于过度敏感,所以很难对气动操纵面进行必要的微调。

3.3.2 稳定性和操纵性

正如固定翼飞机一样,静稳定性和动稳定性都有助于提高直升机的飞行品质。静稳定性是指无人直升机偏离平衡位置后,返回平衡状态的趋势。动稳定性是从时间上考虑后续运动,可能包括非周期性返回、振荡返回、运动不变、振荡发散或不返回发散。前两个是正稳定的,第三个是中性的,后两个是负稳定(不稳定)的。静态的不稳定运动在动态上也是不稳定的,但是,静态的稳定运动在动态上可能是稳定的,也可能是不稳定的。

总的来说,稳定性和操纵性是一门令人头痛的学科。其中旋翼所起的作用是非常复杂的,因为每片桨叶都有自己的自由度,都会分别对运动造成一定的干扰。幸运的是,把旋翼当作一个整体来分析所得到的结果通常是令人满意的。即使这样,进行额外的简化假设也是有用的。和固定翼飞机类似,那些为经典分析铺平道路的假设来源于前人的研究成果,归纳如下:

(1)在受到扰动的飞行中,加速度很小,几乎不影响主旋翼的响应,换句话说,主旋翼引起速度和角速率的改变实际上是瞬时的;

(2)主旋翼速度由发动机控制,保持恒定;

(3)纵向和横向运动是不耦合的,因此可以单独处理。但从严格意义上讲,纵向和横向运动实际上是耦合的。然而,在基本分析中,可以认为它们是不耦合的。下面列举了耦合非常重要的几个例子:

1)滚转机动;

2)前飞诱导桨盘横向倾斜;

3)尾旋翼拉力。

以上都存在交叉耦合的情况,并且对处理质量有重要影响。

在考虑了这些重要的简化后,无人直升机稳定性和操纵性的数学计算仍然很繁重,在实际工作中,计算结果主要依赖计算机。本章只进行定性描述,这些描述将揭示所涉及的物理特性。

一般来说,无人直升机的稳定性没有绝对的衡量标准,无论是静态的还是动态的,因为飞行品质取决于固有稳定性、操纵性和自动稳定的结合。此外,必须根据执行的任务类型评估稳定性。

3.3.3 静态稳定性

考虑了平衡状态对各种扰动的初始反应特性,纵向和横向运动可分开考虑。来自于旋翼的力和力矩干扰有两种形式——旋翼力矩大小的改变和拉力矢量沿桨盘倾角的改变。该倾角由桨叶挥舞运动而产生,这种运动高度依赖于挥舞铰链的偏移。通过周期变距操纵,可诱导桨叶挥舞并产生旋翼桨盘倾角,最终在旋翼桨毂处产生一个力矩。

1. 迎角干扰

强加一个向上速度(如突然刮起一阵狂风)会引起所有桨叶迎角的增加,同时增加整体拉力。当离开悬停状态时,由于桨叶前行边和后行边相对空气速度的不同,产生一个挥舞运动,所以使得桨盘上扬。旋翼中心位于飞机重心的上方,由倾角改变而引起的俯仰力矩正处在桨盘上扬的状态,这是十分不稳定的,并且其不稳定性会随着前飞速度的增加而增加。另外,拉力自身大小的改变也产生了一个力矩,该力矩的影响效果取决于相对于旋翼中心的直升机重心位置的前后。在实际应用中,拉力矢量通常经过后倾重心之前或前倾重心之后,因此,拉力的增加会加剧后倾重心飞机的不稳定性,而对于前倾重心飞机却可以相对缓和。因此,对于一架重心后倾的无人直升机,在高速前飞状态下,关于迎角的纵向静态稳定性是递减的。这也同样反映在相同飞行状态下,其动态稳定性也是递减的。这里必须注意的是,以上讨论都是相对于刚性桨叶来说的。随着现代复合材料桨叶的出现,对其惯性、弹性和气动载荷分布的合理开发,使得调整桨叶的空气弹性变形特性成为可能,并可以缓解上述直升机的内在不稳定特性。

下面介绍其他影响静态稳定性的因素。机身通常是减稳的,这是所有流线型三维物体的特性。铰接偏移、有效刚度划分,这些同样会加剧迎角不稳定性。水平安定面有益于增强稳定性,图 3-19 展示了整体概况。水平安定面弥补了机身内在的不稳定,因此,旋翼成了稳定性的决定因素。铰接旋翼刚性作用大小通常和拉力矢量倾斜力矩相似,无铰接旋翼的刚性作用相较而言要大一些。该作用值通常被记为 M_a,不过,该作用值通常和垂直速度扰动有关,因此在本章中,会经常用到派生词 M_w。

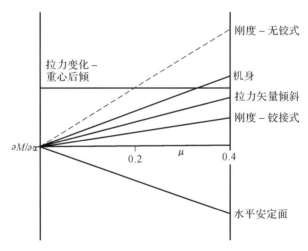

图 3-19　迎角静态稳定性影响因素

2. 前飞速度干扰

前飞速度增加引起挥舞运动,结果导致桨盘上扬。前飞速度每增加 10 m/s,桨盘上扬的角度约增加 1°,该角度变化与飞行速度无关。此时,拉力矢量向后倾斜,由桨盘上扬所产生的俯仰力矩提供,产生一个向后制动的分力,因此无人直升机可实现关于前飞速度的静态稳定。该特性也出现在悬停状态,但却不利于其动态稳定。速度增加引起机身阻力上升,在直升机拥有一定的初始前飞速度时,该特性更有利于直升机的速度增稳,但却不适用于悬停状态。

3. 角速度(桨距或滚转速率)干扰

角速度的干扰比较复杂,简要地说,挥舞转轴的回转力矩产生了一个定相的挥舞响应,由此引起的桨盘倾斜产生了一个反向于角向运动的力矩。因此,旋翼在俯仰和滚转时都会有一定的阻尼。桨盘上由于非均匀迎角产生的力矩会导致交叉耦合现象,该力矩是桨距变化产生的滚转力矩,反之亦然。

4. 侧滑干扰

在侧滑干扰中,旋翼"看见"一股速度不变的风,但是风向却来自四面八方。导致的结果是,最大挥舞方向随着侧滑角度的改变而循环变化,引起旋翼相对风速侧面倾斜。因此产生一个滚转力矩,反向于侧滑方向,类似于固定翼飞机的转角动作。另外,侧滑引起尾旋翼桨叶迎角发生变化,因此,此时尾旋翼起到的作用类似于垂直安定面,提供"风向标"稳定。

5. 偏航干扰

偏航干扰引起尾旋翼迎角发生变化,因此,在直升机自身安定面的基础上,尾旋翼会与上面相同产生一个安定阻尼效应。总体来说,由于上行气流分离和尾迹影响,飞机基本航向稳定性越来越薄弱。

6. 结论

由上述可以看出,直升机纵向静态稳定特性与固定翼飞机非常不同,并且也更加复杂,而横向特性却比较相似,尽管其力和力矩的产生方式有所不同。

3.3.4 动态稳定性

1. 动态稳定分析

Bramwell 依照固定翼飞机给出了无人直升机动态稳定分析的数学计算方法。利用风向坐标系,且 x 轴平行于飞行轨迹,稳定性导数完全无量纲化。在这里,经典数学方程还是很有用的,因为经典数学是基本,同时又能突出展现无人直升机与固定翼飞机之间的区别。其中,最值得注意的一点是,对于固定翼飞机,稳定性四次方程可分解成为两个二次方程,其运动可用简单物理解释;而对于直升机,就没有那么简单了,求根过程非常复杂。

从工业角度对无人直升机进行分析采用的是完全不同的方式方法,该分析基于无人直升机本身坐标系,原点位于重心,x 轴保持机身方向向前,不随飞行方向和气流方向变化。关于小扰动的经典线性方程在此条件下依然适用,其中的必要因素——初始速度沿着机身轴方向的分量,复杂性较低。在各自坐标系下分别计算出的主旋翼、尾旋翼、机身以及固定尾翼面的合力及合力矩,其表达式是气流参数、操纵角以及挥舞系数的函数,且由于自变量的不同而不同。在早期,计算机技术已经能够解决多项式的计算,然而,要实现运用多种技术进行方程计算,计算机硬件和软件技术还需提高到一定的程度。相较于固定翼飞机,导数的完全无量纲化对于无人直升机不是那么适用,首选方案是将无人直升机力和力矩的导数标准化,分别用无人直升机重力和惯性力矩表示,这也意味着线加速度和角加速度也相应标准化了。这些标准化表达式通常被称为简明导数。

2. 特殊悬停实例

在悬停飞行状态,对非耦合纵向及横向运动进一步分解,纵向运动分解为一个非耦合的垂直速度模式和一个前飞速度与俯仰姿态耦合的振荡模式。类似地,横向运动也分解为一个非耦合的偏航模式和一个横向速度与滚转姿态耦合的振荡模式。上述两种耦合模式都是动态不稳定的。无人直升机纵向振荡的物理特性如图 3 - 20 所示,并描述如下。

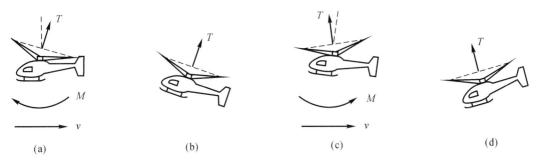

(a)   (b)   (c)   (d)

图 3 - 20 悬停纵向动态不稳定性

假设悬停无人直升机将要以低速前飞,如图 3 - 20(a)所示。该运动将会使直升机受到轻微水平阵风的影响,增加桨叶挥舞运动,桨叶挥舞则会使桨盘上扬,最终产生一个向上的俯仰力矩,这些在 3.2.2 节中已说明过(有一个重要的条件即无人直升机上无有效阻力)。该俯仰力矩会进一步促进无人直升机姿态上扬,向后倾斜的拉力又反向于前飞运动,最终会阻止无人直升机的前行,如图 3 - 20(b)所示。此时桨盘相对于旋翼轴倾斜,旋翼力矩因此减小到零。然后直升机开始向后摇摆运动,桨盘向前倾斜,施加一个向下的力矩,如图 3 - 20(c)所示。该力矩进一步促进无人直升机姿态向下,并最终阻止无人直升机的向后运动,如图 3 - 20(d)所示。在拉力前倾的影响下,无人直升机又开始加速前行,回到一开始的状态[见图 3 - 20(a)]。数学分析及实例证明,该运动是动态不稳定的,如果无人直升机要离开它自身本来的状态,那么随着运动,振幅会稳步增加。

上述纵向发散模式及其横向对应模式即无人直升机悬停动力学的基本问题。尽管这两者都是低频运动,甚至允许一定程度的不稳定,但该问题仍需要飞行员的时刻注意。无人直升机在保持该状态的情况下,实现"自动"悬停是不可能的,除非向无人直升机提供适当程度的人工稳定。

3.3.5 操纵性

无人直升机性能的操纵特性与操纵输入有关,该操纵输入控制着无人直升机从某一飞行状态到另一种飞行状态。该操纵输入通过提供旋翼桨叶的桨距角来产生适量的力和力矩。在主旋翼上,该桨距角由倾角和纵向及横向周期桨距角组成。通常意义上,尾旋翼只有总距发生变化,该总距取决于偏航力矩平衡所需的拉力。

当无人直升机桨距以一定比率变化时,旋翼桨叶会受到一个回转力,该回转力与桨距变化比率成正比。无人直升机上扬旋转会引起前行边桨叶载荷下降,导致旋翼桨盘向下倾斜。此时,拉力矢量相对飞机重心的偏移量以及直接旋翼力矩,同时反向于无人直升机旋转方向,该现象称为阻尼效应或稳定化特征。对于相应滚转比率变化的回转效应也有与此类似的分析。

对操纵性能进行评估通常有两种方式:一种是通过操纵功率;另一种是通过操纵灵敏度。操纵功率指的是由给定操纵输入产生的功率,是力矩操纵输入曲线的斜率。用无人直升机惯性力矩将其标准化,则可用原始加速度产生的周期性操纵杆的单位位移来对其加以衡量。操纵灵敏度使我们认识到操纵功率与合运动阻尼之间相关关系的重要性——它反映了在时间上操纵输入响应的最大斜率,该斜率可以表达为操纵杆单位位移的角速度。高操纵灵敏度意味着,操纵功率相对于阻尼较大,因此,在阻尼力矩使运动稳定之前,角速度即达到一个比较大的值。

无铰式旋翼的大有效偏移量既增加了操纵功率,又增大了固有阻尼,结果使时间常量缩短了,同时,操纵输入响应也更清晰了。无人直升机悬停时和低速前飞时的基本飞行特性通常都是由此改善的,因为对于飞行员来说,响应越迅速,对于克服 3.3.4 节第 2 小节中所述的振荡运动就越有效。无铰式旋翼利用高操纵功率来操纵无人直升机的能力指出了传递力矩和力的一个更好的方法,但不幸的是,振动传输也因此更好了。

Bramwell 通过比较不同操纵输入的典型结论给出了直升机响应的数学解释。他总结为,当直升机以 0.3 的前进比水平前飞时,由于纵向周期桨距的突然增加,所产生的法向加速度如图 3-21 所示。可以看到,和铰接式旋翼相比,无铰接旋翼的响应速度更快,而且缺乏水平安定面的方程是发散的。安装水平安定面会降低响应速率,同时,在图 3-21 中两种情况下,3 s 或 4 s 后,水平安定面表现出了其稳定性作用。

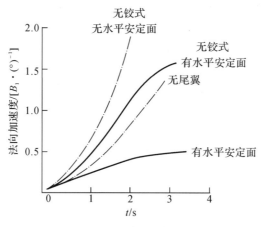

图 3-21 响应于 B_1 的旋翼计算(基于 Bramwell)

悬停时的滚转响应是另外一个非常重要的飞行品质,特别是在接近地面机动时。在一个合适的例子中,Bramwell 展示了无铰式直升机在 1 s 的时间内达到了恒定滚转速率,而铰接式直升机则用了 3 s 或 4 s 的时间。对于这两种直升机来说,给定周期桨距,则最终的滚转速率是相同的,因为该两种直升机的操纵功率和滚转阻尼相差甚微。

旋翼响应特性可以用一个单独的无量纲的参数(刚度 S)特殊表示,定义为

$$S = \frac{\lambda_\beta^2 - 1}{n} \tag{3-21}$$

式(3-21)表达了桨叶气动挥舞运动的弹性比率，λ_β 是桨叶挥舞频率，与桨叶偏移量 e 相关，当桨叶偏移量 e 为零时值为 1.0，如下所示：

$$\lambda_\beta^2 = 1 + \frac{3e}{2} \tag{3-22}$$

因此，当桨叶偏移量为 4% 时，λ_β 值为 1.03。对于无铰式旋翼，λ_β 值的变化在 1.09～1.15 之间。在式(3-21)中，n 是标准惯量。图 3-22 中显示了以刚度为函数的某些基本旋翼特性，依次观察图中四部分，可得出以下结论。

(1)到目前为止，旋翼仅使用惯性/刚性平面的相对限制部分。

(2)悬停无人直升机的固定旋翼单位周期桨距所产生的桨盘总倾角，无论是铰接旋翼还是"更柔软的"无铰式旋翼，实际上是相同的。

(3)关于周期桨距和桨叶挥舞之间的相位滞后问题，我们观察到，对于零铰接偏移的铰接旋翼(倾斜旋翼)，滞后相位角是标准的 90°，该滞后相位角随着偏移量的增大而减小，对于无铰式旋翼，该角度减小 15°～20°。

(4)对于铰接式旋翼，当刚度较低时，无人直升机重力力矩的主分量很可能是由拉力矢量倾斜产生的。无铰式旋翼，力矩主要是由刚度产生的；其高桨毂力矩可以给直升机机动很好的操控，但是，为了尽可能地限制桨毂载荷波动以及输入振动，还需要在稳定飞行时将其最小化。

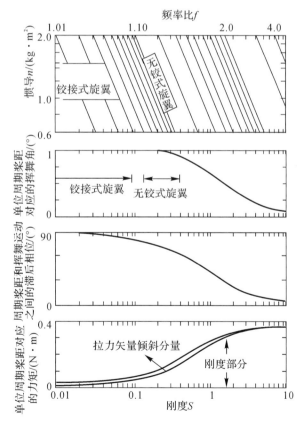

图 3-22　基于刚度的旋翼特性

3.3.6 自动稳定

为了使无人直升机具有操作可行性,通常通过使用飞机自动控制系统来改善无人直升机在稳定性和操纵特性方面的缺陷。该系统十分复杂,能够提供增稳、长期数据存储自动驾驶功能、自动机动等,其复杂性以及任务失败的存活能力需求,当然也包括无人直升机的基本特性,都取决于该无人直升机的使命任务。

自动稳定是对无人直升机最平常状态的一种响应,在该状态下,基本稳定性是不足的,而操纵功率是充足的。无人直升机基本上是可飞行的,但是在缺乏自动稳定装置的情况下,就需要飞行员不停地进行修正操作,该过程易引起疲劳,同时在某些情况下(如依赖仪表飞行)是比较危险的。修正操作是利用一些有效操纵功率来产生与给定运动变量成比例的力矩,以修正无人直升机飞行。自动信号是叠加在飞行员人工输入之上的,不直接影响飞行员输入,且没有信号反馈回操纵装置,飞行员仅仅可感受到改变了的飞行特性。

以前,自动稳定系统利用与旋翼固接的机械装置起作用,典型的有 Bell 平衡杆和 Lockheed 操纵回转仪。或者利用机电设备起作用,如通过无人直升机运动传感器获取无人直升机姿态或速率信号。电气或电子系统相较上述更加灵活,功能也相对更多。如姿态保持系统,该系统能使无人直升机始终保持在命令姿态,即便是处于干扰环境中,如受到阵风影响。自然地,通过这种方式,稳定性增加得越强,就需要飞行员越多地注意操纵功率的增长。通过驾驶员直接操控姿态基准面,无人直升机通常可达到平衡。稳定性增量的需求程度和总体有效操纵功率的大小决定了该特殊系统的设计。

无人直升机稳定性及操纵品质是一门非常复杂的学科,本章仅仅为读者提供了一个入门介绍。如果要查阅更为详细的资料,可参考该方面的专业书籍。

第4章　旋翼系统

4.1　旋翼系统概述

本章主要对常见的单旋翼带尾桨结构无人直升机,以及共轴双旋翼无人直升机的旋翼系统的结构、操纵和传动进行介绍。

旋翼系统主要包括旋翼桨叶、旋翼桨毂以及尾桨。旋翼基本参数主要包括旋翼的结构形式、旋翼直径、桨叶片数、转速和转向等。定型后的直升机,这些参数当然是确定的。

旋翼系统的选材要求包括:

(1)优先选用成熟材料,适当选用优质新材料,尽量减少材料品种与规格;

(2)选用强度、刚度高的材料,材料的抗疲劳、耐冲击、耐环境特性要好;

(3)所选复合材料要符合阻燃、烟雾、毒性、耐冲击结构要求;

(4)树脂基体要和纤维断裂应变协调一致,相匹配,又要和纤维界面结合牢固;

(5)树脂基体要符合工艺性要求,如挥发物的含量、黏性、预浸料试用期、固化压力、固化温度和固化后收缩率。

4.2　桨　　叶

早期直升机桨叶都是木质桨叶,伴随着科技的进步,金属桨叶、金属与木质混合结构桨叶以及金属与复合材料混合结构桨叶应运而生。现代无人直升机大多使用复合材料桨叶,其桨叶构型多依据桨叶材料、大梁形状和接头形式等因素来判别。

桨叶主要由大梁、蒙皮、后段件及接头等组成,如图4-1所示。有的桨叶还设有桨尖罩、后缘调整片、前缘包片及平衡配重。

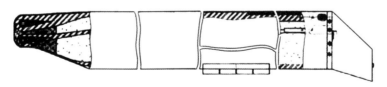

图4-1　桨叶结构

大梁是桨叶的主要承力构件,承受复杂的交变载荷,通常选择强度和疲劳特性好的材料。大梁及大梁上的连接孔采取强化措施,尽可能提高大梁的疲劳性能。为了及时发现金属大梁中可能产生的裂纹,通常设置裂纹报警系统,裂纹报警系统由裂纹探测系统和裂纹指示装置组成。复合材料桨叶大梁的可设计性好,通常不受大梁构造形式的限制,一般由高强度的纤维沿展向铺设,用于承受大的轴向拉伸载荷。

金属桨叶按大梁外形及成型工艺可分为空心挤压桨叶、C形挤压桨叶、管形梁桨叶及多闭腔组合梁桨叶。

空心挤压大梁桨叶按设计要求挤压大梁到所要求的外形,切面形状可以为 D 形或梯形,经过机械加工保持旋翼气动外形。这种结构形式的桨叶抗扭刚度好,大梁可以单独承受桨叶的复杂载荷,如图 4-2 所示。

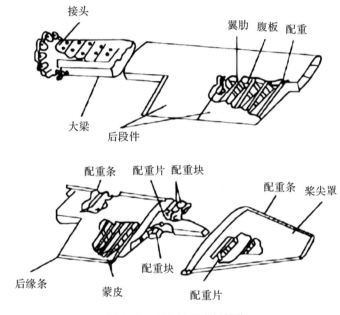

图 4-2 空心挤压大梁结构

C形挤压大梁通常采用铝合金挤压成型,其表面经机械加工后,在翼型的前缘部分形成翼形,上、下表面形成局部翼型面。由于 C 形梁后缘开口,所以通常与蒙皮或Ⅱ形梁一起构成单闭腔或双闭腔承力结构,如图 4-3 所示。

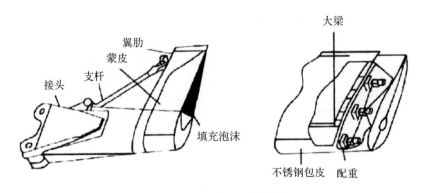

图 4-3 C形挤压大梁结构

管形梁桨叶管梁通常采用合金钢或者钛合金挤出成型,其截面形状视桨叶整体构型及承力要求而定,可采用圆形或者椭圆形,如图 4-4 所示。

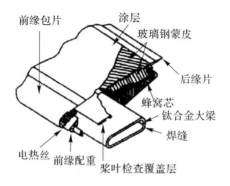

图 4-4　管形梁结构

多闭腔组合梁是将钢板弯折形成 C 形或者 D 形的梁元件,并采用焊接或者胶接的方式形成多闭腔承力结构的一种结构形式,如图 4-5 所示。

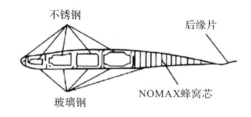

图 4-5　多闭腔组合梁结构

复合材料桨叶构型按大梁的典型剖面结构又可以划分为 C 形梁单闭腔、D 形梁双闭腔和多闭腔三种构型。其中以 C 形梁单闭腔最为简便,如图 4-6 所示,这种形式结构简单、工艺性好,承力特点与金属 C 形梁结构类似。因为剖面抗扭刚度较小,限制了翼型后部蒙皮和填充材料之间的胶接强度,使得桨叶的弦长不能太宽,所以 C 形梁单闭腔结构主要适用于中小型直升机。对于弦长较大的桨叶,可采用双闭腔结构,以提高桨叶的扭转刚度和桨叶后缘蒙皮的黏结强度。

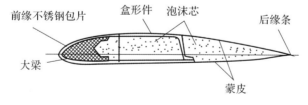

图 4-6　复合材料 C 形梁结构

多闭腔结构是充分利用复合材料可设计性特点的一种结构形式,如图 4-7 所示。采用多路传力结构,桨叶内布置各种截面形状加强梁(Z 形梁、I 形梁、II 形梁),使得桨叶破损有了更好的安全性。

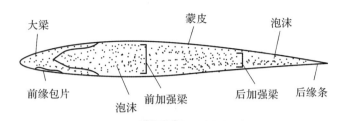

图 4-7　复合材料多闭腔结构

接头作为连接桨叶和桨毂的关键构件之一,桨叶根部受到巨大离心力及复杂载荷的作用,全部载荷通过接头转移到桨毂上。接头形式主要取决于同桨毂的连接方式,一般为梳形接头、法兰盘及双缠绕衬套。梳形接头是一种双耳或多耳的连接方式,如图 4-8 所示。接头和大梁之间的连接采用螺栓连接及层板胶接,接头上、下腹板及大梁根部采用螺栓连接为一体,腹板厚度沿展开方向依次减薄。

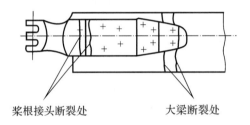

图 4-8　桨叶梳形连接结构

法兰盘连接把桨叶根部设置于法兰盘和桨毂之间。法兰盘采用螺栓组连接,接头和大梁连接采用螺栓与层板胶接,主要用于金属桨叶的连接,如图 4-9 所示。

双缠绕衬套是将两个衬套连接到桨叶的根部,并用螺栓或者插销连接到桨毂上,此种连接方式常用于复合材料桨叶,接头相对简单,如图 4-10 所示。

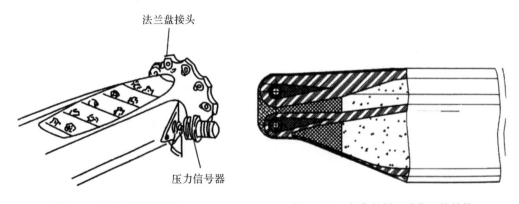

图 4-9　法兰盘连接结构　　　　　图 4-10　复合材料双缠绕连接结构

后段件是指桨叶翼型剖面后半部分的结构设计,通常用铝合金蒙皮与翼肋组成盒形件,或蒙皮与蜂窝芯、泡沫芯组成夹层结构。后段件部件之间以及后段件与大梁的连接采用胶接方式。不连续的盒形后段件不能参与桨叶整体受力,仅把其上的气动力和质量惯性力传递给大梁。整体后段件不仅参与桨叶整体受力,还为桨叶提供一定的弯曲和扭转刚度。后段件的质量对桨叶弦向质心影响较大,因此应尽可能减小后段件质量,并防止进水和积水。

复合材料桨叶的蒙皮应尽量连续,承受一定的离心力,提供部分弯曲刚度和扭转刚度。一般桨叶的最外层蒙皮采用平整致密织物,以提高桨叶的外形质量。内层蒙皮根据结构需要选择材料和铺设方案。蒙皮使用较多的材料有玻璃纤维、碳纤维和芳纶纤维织物。玻璃纤维蒙皮的桨叶具有较好的韧性和制造容差的损伤容限特性,碳纤维蒙皮则具有较好的刚度特性和较轻的质量特性。蒙皮铺层尽可能采用对称铺层以避免凝固后结构产生翘曲现象,且铺层纤维轴线尽可能与内力拉压走向保持一致,剪切强度及扭转刚度以±45°铺层为主。蒙皮连接宜采用搭接方式,一般搭接宽度在 10 mm 以上。

桨叶内部的填充物包括泡沫与蜂窝两大类。泡沫填充主要考虑泡沫与蒙皮的黏结性能和泡沫的内在质量影响。蜂窝填充主要考虑蒙皮与蜂窝的黏结强度以及桨叶的密封性,防止潮气与水分浸入导致内部腐蚀。

桨尖罩一般由金属板冲压成形,或者采用胶接和铆接成形。桨尖罩处于桨叶的高动压区,相对气流速度大。结构上除保持外形光滑流线外,外端还要有排水孔,防止桨尖罩内积水。桨尖罩一般通过可拆卸的螺栓或螺钉与桨叶主体连接。

前缘包片主要是防止桨叶前缘被砂石撞伤和磨损,通常由不锈钢或钛合金薄板冲压成形,胶粘于桨叶前缘,也可以用耐磨的聚氨酯胶带粘贴于桨叶前缘。复合材料桨叶的前缘包带可以与桨叶一起模压胶接,也可模压后黏结。

桨叶气动力调整片是为了调整桨叶的铰链力矩和桨叶锥度而设计的。调整片位置一般布置在$(0.7\sim0.8)R$(R 为旋翼半径)处的桨叶后缘,尺寸根据桨叶动平衡调整需要确定。金属桨叶的调整片一般采用铆接方法与后段件后缘连接,复合材料桨叶的调整片通常采用胶接方式与后段件后缘结合成一体。

桨叶中的固定配重一般有两种:一种是调整桨叶动力学特性,称为调频配重;另一种是调整桨叶重心而施加。配重一般选用密度大的重金属,以减小配重体积,过长的配重可分成若干小段进行铺设。

为了满足桨叶质量特性和平衡要求,通常在桨尖设置静平衡配重和动平衡配重,用来消除或减少因制造误差而引起的桨叶间的不平衡现象。静平衡配重调整桨叶展向质量静矩,使各片桨叶质量静矩达到一致。桨尖动平衡配重在弦向安装位置的变化对桨叶动平衡做出调整。

桨叶结构表面应采取必要的防护措施,以满足温度、风沙、盐雾、霉菌及复杂气候条件等多种环境下的工作要求。除按一般结构件要求进行表面处理外,还应考虑尽可能避免电位差较大的双金属接触,必须接触时应选用中间镀层或非金属层隔绝,缝隙应涂密封胶。在可能产生振动和摩擦的地方,应避免结构之间微动摩擦造成的材料腐蚀,如在接触面之间增加耐磨垫片等。铝合金结构胶接应进行铬酸阳极化处理,以提高胶接质量;为防止结构进水和积水,必要时设置排水孔。复合材料桨叶表面要有涂层保护,避免受太阳紫外线照射;为减缓基体的老化,一般用聚氨酯漆进行涂层保护。

4.3 桨　　毂

桨毂是旋翼的安装支撑结构,可实现桨叶的安装、传动和控制功能。旋翼桨叶在工作过程中,产生的各种载荷均传递到桨毂上。同时,桨毂还将发动机的功率和运动传递到桨叶,驱动桨叶正常运动,实现桨叶的挥舞和摆振运动。无人直升机大部分控制操作是通过对桨叶的变距操作来实现的,桨毂还需要将无人直升机的操纵指令准确传递到桨叶,以控制桨叶按指定规律运动。

常见的桨毂结构形式有铰接式、无铰式和无轴承式等。其中,铰接式桨毂又分为全铰接、跷跷板、万向铰和柔性铰等形式。

全铰接式桨毂具有完整独立的水平铰(挥舞铰)、垂直铰(摆振铰)和轴向铰(变距铰)结构,如图 4-11 所示。这种桨毂旋翼的各片桨叶,通过水平铰、垂直铰及轴向铰与桨毂中央壳体连接。桨叶在挥舞和摆振方向都是根部铰支,而在扭转方向(变距方向)则由桨叶变距摇臂和变距拉杆与自动倾斜器连接。

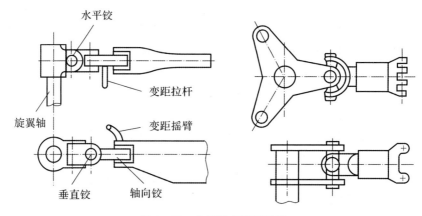

图 4-11　全铰接式桨毂结构

跷跷板式桨毂是通过桨毂将两片桨叶连在一起的一种旋翼结构形式,如图 4-12 所示。两片桨叶共用一个中心挥舞铰(水平铰),没有摆振铰(垂直铰)。桨叶各自有变距铰(轴向铰)。

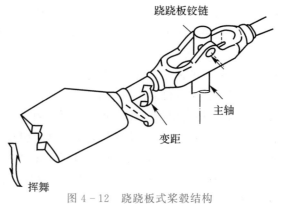

图 4-12　跷跷板式桨毂结构

万向铰式桨毂是跷跷板式桨毂的另一种形式。除桨叶各自具有变距铰外,连成一体的两片桨叶共享一个悬挂式挥舞铰,如图 4－13 所示。万向铰式桨毂可以连接任意片数的桨叶,桨叶安装在与桁架相连接的转轴上,通过桁架将各片桨叶连接在一起,由桁架确定旋翼桨盘平面。桁架以万向铰形式连接在旋翼轴顶端。

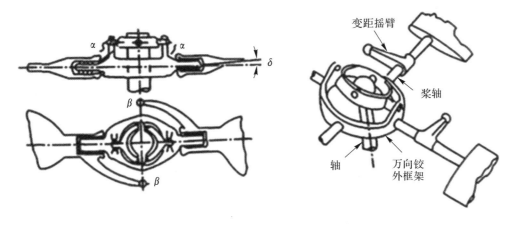

图 4－13　万向铰式桨毂结构

　　柔性铰旋翼桨毂结构取消了常规机械铰链,以金属片与橡胶材料硫化而成的层压弹性轴承代替。桨叶挥舞和摆振运动,在桨叶根部均为弹性约束;变距运动外,还附加了弹性轴承扭转变形约束。星形柔性旋翼和球柔性旋翼是两种典型的柔性铰旋翼桨毂结构,如图 4－14 所示。

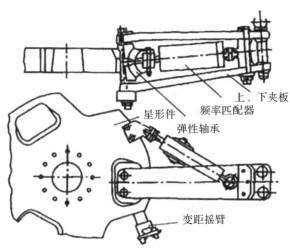

图 4－14　柔性铰旋翼桨毂结构

　　星形柔性铰旋翼桨毂由中央星形件、球面弹性轴承、黏弹减摆器、夹板等组成。球面弹性轴承提供桨叶的工作运动自由度,并承受桨叶传来的所有载荷,起到挥舞铰、摆振铰和轴向铰的作用。离心力通过上、下夹板传递给球面弹性轴承,球面弹性轴承以受压的形式传递到中央星形件上。星形件在挥舞方向是柔性的,挥舞剪力和挥舞弯矩通过夹板传到球面弹性轴承中心,使球面弹性轴承产生剪切弹性变形,再将载荷传递给中央星形件。在摆振面内,黏弹减摆器提供阻尼和弹性约束。摆振剪力和摆振弯矩通过对应接头传到上、下夹板,一部分载荷通过黏弹减摆器的变形传给星形柔性臂(柔性臂在挥舞面是柔性的,在摆振面内刚度足够大),其余部分再经上、下夹板传给弹性轴承中心,使球面弹性轴承发生剪切弹性变形,传给中央星形件。铰链力矩使上、下夹板产生扭转变形,并由变距拉杆平衡,同时也使弹性轴承发生扭转变形,上、下夹板和弹性轴承载荷应考虑铰链力矩的作用。

无铰式桨毂没有挥舞铰和摆振铰,只有变距铰。在挥舞和摆振方向是固支的,桨叶与桨毂刚性连接。挥舞和摆振运动依靠桨根的弹性变形实现。

无轴承式旋翼的桨毂结构完全取消了挥舞铰、摆振铰和变距铰。桨叶挥舞、摆振及变距运动都是通过桨毂柔性支撑臂及桨叶弹性变形来完成的,如图 4 - 15 所示。

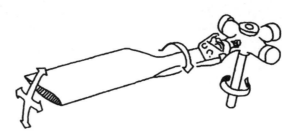

图 4 - 15　无轴承式旋翼桨毂结构

4.4　尾　　桨

尾桨的结构形式主要有铰接式、无摆振铰式、无轴承式和涵道式风扇尾桨等。铰接式尾桨又分为跷跷板式和万向铰式等。

跷跷板式尾桨构造简单、紧凑,质量轻,通常用于轻型直升机的尾桨设计。两片尾桨桨叶共享一个中心水平铰(挥舞铰),没有垂直铰,有轴向铰(当量变距铰)。与跷跷板式桨毂不同,跷跷板式尾桨一般没有结构锥度角。图 4 - 16 为跷跷板式尾桨,图 4 - 17 为双跷跷板式尾桨。

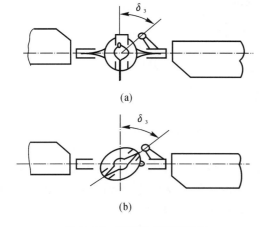

图 4 - 16　跷跷板式尾桨结构

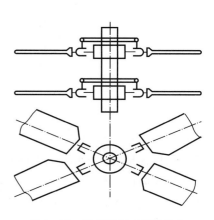

图 4 - 17　双跷跷板式尾桨结构

万向铰式尾桨结构与双跷跷板式尾桨类似,尾桨轴通过十字铰与桨毂壳体连接,三叶万向铰桨毂壳体以三个轴承分别与三组变距铰轴承等组成三个变距铰,尾桨叶连接在变距铰末端的接头上,如图 4 - 18 所示。

无摆振铰式尾桨多用于三叶及以上桨叶的直升机尾桨,如图 4 - 19 所示。这种尾桨桨毂结构复杂,布置有数量较多的轴承,摆振面受力严重,结构质量大,使用维护也不方便。

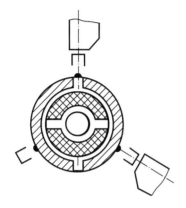

图 4 - 18　万向铰式尾桨结构

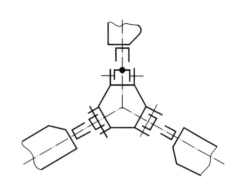

图 4 - 19　无摆振铰式尾桨结构

无轴承式尾桨的桨毂和桨叶都是复合材料结构,由桨根区域的弹性变形实现尾桨叶的挥舞、摆振和变距运动。桨毂由复合材料板构成,构造简单实用,如图 4 - 20 所示。

涵道式风扇尾桨由风扇和涵道组成,整体安装于垂尾内部,除风扇产生拉力外,涵道壁上还产生吸力并转换成相当的推力。在大桨距情况下涵道所产生推力大约为尾桨总推力的一半。涵道式风扇尾桨在结构上不需要水平铰和垂直铰,只有总距操纵,桨毂的受力状态与无摆振铰式尾桨相似,如图 4 - 21 所示。

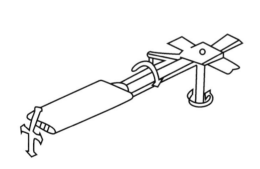

图 4 - 20　无轴承式尾桨结构

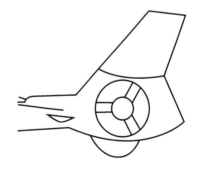

图 4 - 21　涵道式风扇尾桨结构

尾桨的结构特点包括:直径小,挥舞产生的锥度角偏小,一般只有总距操纵,不设计变距操纵机构,桨叶一般不带预扭角等。

尾桨桨叶主要有金属桨叶和复合材料桨叶两种。金属桨叶的结构组成分为翼肋、蜂窝和泡沫芯等三种结构形式,通常由大梁、接头、后段件及桨尖罩等组成。大梁多采用铝合金挤压型材加工成形。图 4 - 22 为尾桨桨叶典型结构。

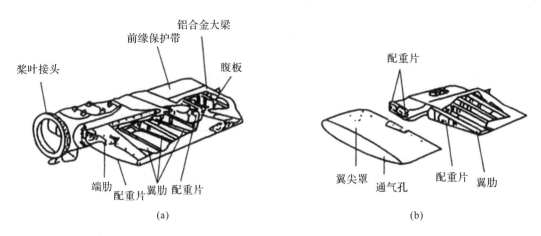

图 4-22　尾桨桨叶典型结构

复合材料桨叶的结构组成与金属桨叶类似。桨叶大梁剖面以 C 形截面梁单闭腔结构居多。利用复合材料的可设计性,可使桨叶的刚度、质量和强度等结构性能趋于最优。

4.5　操　纵　系　统

无人直升机平台 6 个空间自由度的飞行控制与姿态控制,都是通过对旋翼和尾桨的操纵来实现的。旋翼与尾桨的操纵主要包括主旋翼总距操纵、主旋翼周期变距操纵和尾桨总距操纵三种形式。

尾桨的总距操纵是通过改变尾桨所有桨叶的桨距角,使得尾桨产生的拉力大小发生变化,以平衡主旋翼反扭矩的变化或使直升机实现偏航方向上的机动。由于偏航操纵只需尾桨拉力大小发生变化,所以对尾桨只进行总距操纵,不进行周期变距操纵。

在传统有人直升机的座舱内设置了总距杆、周期变距杆和脚蹬,分别对旋翼和尾桨的总距、旋翼的周期变距实现操纵。座舱内复杂的机械传动装置可将飞行员的操纵动作传递到旋翼和尾桨上。无人直升机系统一般采用数字式计算机控制技术,在旋翼和尾桨的变距操纵机构上直接安装伺服驱动系统,由飞行控制计算机根据解算出的操纵变距指令,通过电子系统传递至伺服驱动系统,由伺服驱动系统驱动旋翼和尾桨实现变距操纵。与变距操纵同步的发动机功率状态控制,也同时由飞行控制计算机统一协调控制。

无人直升机旋翼、尾桨的变距执行机构包括倾斜盘(又称为自动倾斜器)机构和星形件机构。倾斜盘机构用于主旋翼操纵,星形件机构用于尾桨操纵。

倾斜盘由于承受的载荷比较大,所以通常选用钢、钛或铝合金作为制造材料。倾斜盘主要由固定倾斜盘和旋转倾斜盘两部分组成。旋转倾斜盘位于固定倾斜盘的外圈,能够绕固定倾斜盘自由转动,两者之间通过轴承连接在一起。固定倾斜盘的内圈安装球形轴承,用于与旋翼主轴相连。在固定倾斜盘上,沿周向对称分布与操纵驱动器输出杆和固定防扭臂相连的安装结构接口,一般为 3 个驱动器输出杆接口和 1 个固定防扭臂连接接口。在旋转倾斜盘上,沿周向对称分布与旋翼变距拉杆和旋转防扭臂相连的安装结构接口,变距拉杆接口的数量与旋翼桨叶数量相等,旋转防扭臂数量一般为1个。典型倾斜盘结构组成如图4-23所示。

图4-23　典型倾斜盘的结构组成

　　如图4-24所示,固定倾斜盘通过球形轴承与旋翼主轴相连,球形轴承与旋翼主轴之间安装滑动轴套,使得倾斜盘可以沿旋翼主轴上、下移动。固定倾斜盘通过外圆周上分布的连接接口与操纵驱动装置输出杆及固定防扭臂连接,操纵驱动装置输出直线运动,推动固定倾斜盘产生两种运动模式(沿旋翼主轴上、下运动和以轴承为中心倾斜一定的角度)。固定防扭臂固定于主旋翼传动轴的固定点上,其作用是防止固定倾斜盘在旋转倾斜盘的带动下绕旋翼主轴产生旋转运动。旋转倾斜盘在随固定倾斜盘运动的同时,通过旋翼变距拉杆推动旋翼实现变距运动,旋转防扭臂与旋翼转轴相连,带动旋转倾斜盘与旋翼保持同步旋转运动,如图4-25所示。

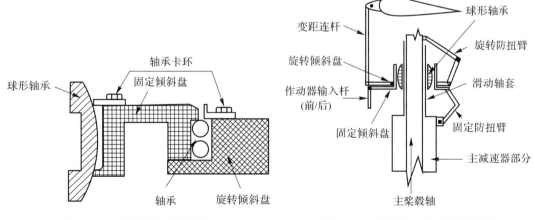

图4-24　倾斜盘组成剖面图　　　　　　　图4-25　倾斜盘安装原理示意图

　　当需要进行总距操纵时,各操纵驱动机构同时输出等量的直线位移,使倾斜盘整体沿旋翼主轴上移或下移,旋转倾斜盘通过变距拉杆使每片桨叶产生相同的总距变化,从而实现旋翼有效力的大小改变。总距操纵示意图如图 4-26 所示。

当进行周期变距操纵时,各操纵驱动机构输出不同的位移量,使倾斜盘整体发生一定角度的倾斜,旋转倾斜盘的旋转平面发生倾斜,使得各变距拉杆在随旋转倾斜盘绕旋翼主轴旋转时,能够按照倾斜盘倾斜的角度使旋翼桨叶的变距角发生周期性变化,实现周期变距操纵。周期变距操纵如图 4-27 所示。

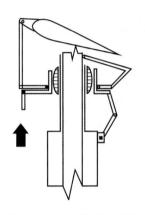 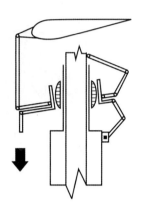

图 4-26　总距操纵示意图　　　　图 4-27　周期变距操纵示意图

固定防扭臂和旋转防扭臂一般包括两个形状相似的扭力连接臂,中间通过轴承连接,如图 4-28 所示。在承受倾斜盘之间相互旋转运动的扭力载荷的同时,保证倾斜盘操纵动作的正常执行。

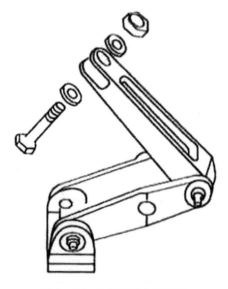

图 4-28　防扭臂结构示意图

操纵驱动器输出杆、变距拉杆和防扭臂都是通过耳轴的方式与倾斜盘连接的,图 4-29 为一种典型的耳轴结构形式。当连接变距拉杆等部件时,通过一根螺栓穿过耳轴中间的轴承,允许有一定的径向间隙。耳轴本身又安装在倾斜盘连接臂内的一组轴承上,这些轴承都允许耳轴有少量的角度变化,因而使得和耳轴相连的部件在任何方向都有一定的自由度,以防止倾斜盘偏转时在连接部件上产生应力。

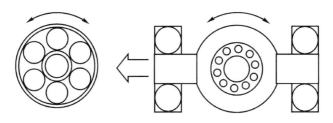

图 4-29 耳轴结构形式

变距拉杆为了能够在不断开连接的情况下进行长度调节,需要将拉杆两端的连接件以正、反螺纹的形式安装在变距拉杆上,并设计锁定装置。变距拉杆的结构组成如图 4-30 所示。

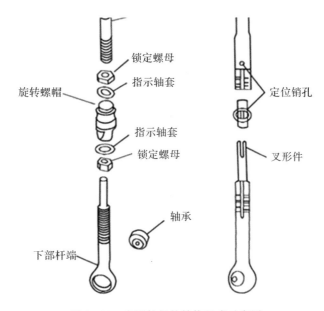

图 4-30 变距拉杆的结构组成示意图

尾桨的变距操纵主要采用星形操纵系统,其作用原理与倾斜盘系统完全不同。桨叶桨距角的变化是通过安装在一个滑动轴套内的垂直心轴来驱动的,垂直心轴通过星形臂与尾桨桨叶相连,心轴和轴套能够在尾桨传动轴内滑动,并且在垂直心轴内随桨叶一起转动,通过设计转动件和非转动件之间的连接实现对总距的变化控制。

4.6 传动系统

无人直升机发动机的输出功率与运动通过传动系统传递到旋翼和尾桨上。传动系统的主要组成部分包括主减速器、中减速器、尾减速器、动力传动轴与尾传动轴等。

对传动系统的要求主要包括以下方面:

（1）主要部件必须选择适当的安装支撑结构，对运动部件的振动进行有效隔离，防止振动对机体造成影响，危及飞行安全；

（2）传动系统的安装设计必须满足总体布置设计要求，具有足够的强度，保证传动系统安全、可靠工作，在规定的坠撞条件下，能够保持所安装的部件仍然处于支撑结构上；

（3）尾传动系统的安装应便于轴系同轴度调整，具有适合尾梁结构的变形径向、轴向自动补偿措施；

（4）当传动系统采用隔振安装时，应考虑与传动系统相连的构件振动位移的影响，当隔振装置损坏时不危及飞行安全；

（5）安装设计应保证传动系统运动部件与其他系统及结构件之间有足够的间隙；

（6）传动系统零部件应有明显标记，以便于检查和防止差错，安装的紧固件应有防松脱措施和标记；

（7）传动系统应便于拆装，使用维护方便；

（8）传动系统应质量轻，工艺性、经济性好。

主减速器的安装多采用主减速器支架形式，采用多根支撑杆组成的支架结构来支撑主减速器及旋翼轴组件。在支撑架上安装隔振器，可以采用普通隔振器、聚焦式隔振器、节点梁式隔振器、被动式反共振隔振器、主动式反共振隔振器，可以采用单一隔振式或组合形式。当主减速器质量不大时，还可以采用刚性支撑梁，依靠支撑架的弹性支座进行减振。轻型直升机主要采用聚焦式双向柔性隔振装置。主减速器支架要求能够有效、安全地传递升力和扭矩。主减速器一般采用多根主减速器撑杆来承受和传递升力，在主减平台上顺航向看，前部布置多根较短的支撑，后部布置多根较长的撑杆，如图4-31所示。

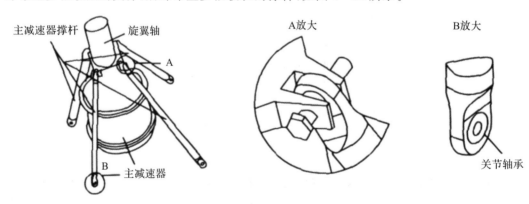

图4-31 主减速器安装支架结构

主减速器撑杆的杆体和两端结构通过螺接或焊接而成。杆件一般采用薄壁钢质管材拉制而成，接头由相应钢质材料机械加工而成。主减速器撑杆主要承受拉压交变载荷，一般采用低碳合金钢制造。主支撑杆连接螺栓主要承受剪切载荷，需要选用综合性能好、工艺塑性好的材料进行制造。主减速器撑杆两端需要安装自润滑关节轴承，以调整主减速器撑杆两端，使主减速器撑杆杆体中心线同旋翼轴筒形机匣安装凸耳与主减平台上安装凸耳之间的连线保持同轴。

在无人直升机上常用的聚焦式双向柔性隔振装置，通过减小桨盘面内交变力和交变力矩向机身的传递来实现降低机身振动水平的目的。如图 4－32 所示,聚焦式双向柔性隔振装置中"聚焦"是指主减速器撑杆的延长线聚于旋翼轴上的一点(虚交点),"双向柔性"是指主减速器底部通过航向、侧向各两对柔性限动块(减振块)连接到机身上,使主减速器底部在水平面内获得多向柔性。当旋翼/主减速器系统受到来自旋翼旋转平面内的交变力和交变力矩激励时,旋翼/主减速器系统会绕虚交点摆动,由于主减速器柔性限动块剪切刚度较低,具有较低的摆动固有频率,所以可以减小旋翼旋转平面内的交变力和交变力矩向机身的传递,达到降低机身振动水平的目的。由于旋翼由主减速器撑杆进行支撑,所以具有较高的纵向刚度,不会影响操纵系统的正常工作。

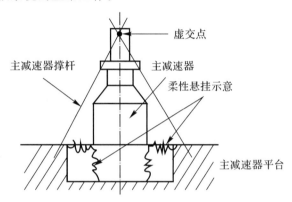

图 4－32　聚焦式双向柔性悬挂装置

主减速器柔性悬挂装置采用叉形构件承受拉力并连接四组减振垫,两组层压减振垫承受纵向剪切载荷,另两组层压减振垫承受横向剪切载荷,如图 4－33 所示。四组减振垫都以受压形式共同承受旋翼反扭矩。叉形构件一般选取质量较轻的锻铝材料制作,在两端设计连接耳片,并使用加强筋提高刚度。叉形构件的设计需要兼顾强度和疲劳两个方面的要求,针对构件的耳片和中间段进行强度设计和校核。

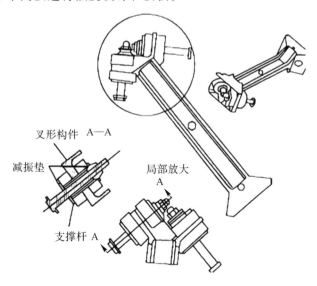

图 4－33　主减速器柔性悬挂装置

中间减速器的安装形式根据其功能来确定。利用机匣作为传动平台的安装面,用螺栓组在前、后处进行多点连接固定,既能够有效利用空间,又能保证安装刚度与强度。

尾减速器的安装设计较主减速器简单,无人直升机一般将尾减速器机匣直接用螺栓组固定安装在尾传动平台上。主减速器到尾减速器之间距离较长,运动部件之间的连接较为重要,需要在直径方向上保持理想的传动轴线,并且能够在轴线方向上起到一定的偏差补偿作用,为此多采用柔性膜片联轴节的形式。可以考虑将尾减速器跨在尾梁上,以尾梁作为传动平台,减速器后安装面与尾梁锥面相配合,前段输入法兰盘与尾梁上的支架以螺栓组件连接紧固,后段以机匣上的凸耳通过螺栓组件与尾梁相连。

动力传动轴组件的主要功能是将发动机的功率传递给主减速器,此外也可为发动机提供固定安装点。动力传动轴组件包括动力传动轴、传动轴外套筒及安装紧固件等。在发动机的功率输出轴与主减速器的功率输入轴之间通常采用膜片联轴节(或联轴器)花键的形式连接。动力传动轴外套筒与发动机采用法兰盘螺栓连接,与主减速器输入轴采用万向铰或螺栓连接。动力传动轴组件的安装应具有安装结构变形补偿能力,并适应发动机的安装调整,使发动机输出轴与主减速器输入轴始终处于良好的同轴工作状态。

尾传动轴是指主减速器到尾减速器之间的传动轴系,其间为分段柔性连接。尾传动轴为高速旋转部件,应尽可能降低传递给机身的振动水平。尾传动轴一般较长,两端及轴端之间的连接需要考虑周向、径向安装偏差的补偿,并满足整个传动轴系的同轴度调整要求。通常将尾传动轴分为若干段,较短的轴端不需要辅助支撑,较长的轴端则需要有辅助轴承支撑。辅助支撑轴承的个数根据传动轴的刚度而定,刚度大的传动轴选择少的辅助支撑数,反之则需要增加辅助支撑数。传动轴之间用联轴节或花键相连,传动轴两端用联轴节分别与主减速器(发动机)和尾减速器相连。尾梁上安装尾传动轴辅助支撑轴承的安装座,辅助支撑轴承与尾传动轴之间应设计橡胶垫层,允许轴承在轴向具有少量的滑动自由度,具备一定的减振功能。尾传动轴转速较高,旋转部件的不平衡会在传动过程中引起异常振动,甚至破坏机体,因此尾传动轴装机后必须进行同轴度调整和动平衡检查。

4.7 共轴双旋翼

上述对桨叶、桨毂等部件的描述完全适用于共轴双旋翼无人直升机,共轴双旋翼无人直升机和常规单旋翼带尾桨无人直升机在结构上的最大差别主要在于旋翼的布置方式及其所引起的操纵和系统改变,以及无尾布局。

4.7.1 结构特点

这类无人直升机由于没有尾桨而无须安装较长的尾梁,机身长度可大大减小。其有两对旋翼产生升力且各旋翼直径还能减小。机体部件可紧凑布置于直升机的重心上,因此具有良好的飞行稳定性,同时还易于操作。相对于单旋翼带尾桨的无人直升机,其操纵效率改善显著。

共轴双旋翼无人直升机有上、下两个旋翼绕同一条轴一正一反地转动,因转向相反而使两个旋翼所产生的力矩以恒定航向飞行时达到平衡,利用上、下旋翼之间的所谓总距差动所

产生的非平衡力矩可以达到航向操纵的目的,共轴双旋翼作为无人直升机飞行时的升力面、纵横向操纵面、航向操纵面都有其特点。从结构上看,因为使用了两副旋翼,所以相对于同等质量单旋翼无人直升机来说,如果使用同样桨盘载荷的话,旋翼半径只有单旋翼无人直升机旋翼半径。单旋翼无人直升机的尾桨部分必须超出旋翼旋转面,尾桨直径为主旋翼的 16% ~ 22%,这样,假设尾桨紧邻旋翼桨盘,则单旋翼无人直升机旋翼桨盘的最前端到尾桨桨盘的最后端是旋翼直径的 1.16 ~ 1.22 倍。由于尾桨不存在,所以共轴双旋翼无人直升机的机身部分通常位于桨盘面积之内,而机体纵向尺寸为桨盘直径,从而使共轴双旋翼无人直升机在桨盘载荷、发动机及同等总重作用下,其整体纵向尺寸只有单旋翼无人直升机大。

共轴双旋翼无人直升机机身短小,而结构质量与载重都集中于无人直升机重心上,从而降低了无人直升机俯仰与偏航转动惯量,可赋予无人直升机更高的加速特性。

由于没有尾桨,共轴双旋翼无人直升机消除了单旋翼无人直升机存在的尾桨故障隐患,以及飞行中因尾梁振动和变形引起的尾桨传动机构故障的隐患,从而提高了无人直升机的生存率。

由于使用上、下两副旋翼使无人直升机垂直方向尺寸增大,两副旋翼桨毂及操纵机构都露出机体。两对旋翼之间的距离与旋翼直径成正比,以确保上、下旋翼在飞行过程中因操纵、阵风等因素导致极限挥舞不发生碰撞。图 4 - 34 为某型无人直升机旋翼系统结构示意图。

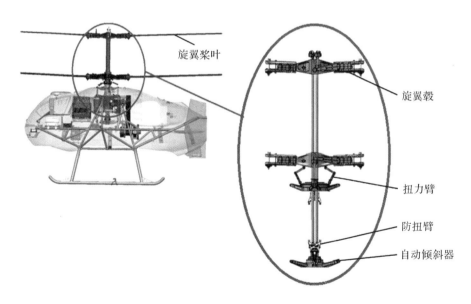

旋翼桨叶

旋翼毂

扭力臂

防扭臂

自动倾斜器

图 4 - 34　某型无人直升机旋翼系统结构示意图

共轴双旋翼无人直升机通常使用双垂尾来提高无人直升机航向操纵性与稳定性。通常情况下,共轴双旋翼无人直升机绕旋翼轴的转动惯量远低于单旋翼带尾桨无人直升机,因此航向操纵性优于单旋翼带尾桨机,但稳定性比较差;由于共轴双旋翼机身短小,所以加大了平尾面积,可使用双垂尾以改善无人直升机纵向及航向稳定性。

4.7.2 气动特性

共轴双旋翼无人直升机具有合理的功率消耗(无用于平衡反扭矩的尾桨功率消耗)、优良的操纵性、较小的总体尺寸等特点。与单旋翼带尾桨无人直升机相比,共轴双旋翼无人直升机的主要气动特点为:①具有较高的悬停效率;②没有用于平衡反扭矩的尾桨功率损耗;③空气动力对称;④具有较大的俯仰、横滚控制力矩,更高的悬停升限和爬升率。

共轴双旋翼无人直升机还具有随升限升高航向转弯速度基本不变乃至增大的重要性能。在航向操纵中,由于共轴双旋翼无人直升机在航向操纵中无须增加功率,所以航向操纵的效率得到提高。增大相同拉力要求的扭矩增量会随着悬停高度的增大而增大,因此对于单旋翼无人直升机而言,为了均衡反扭矩还必须提高尾桨功率,当尾桨功率提供不足时航向操纵效率会降低,但共轴双旋翼无人直升机则没有这类问题。

由于操纵系统部分及上、下旋翼桨毂等非流线形状部件比单旋翼无人直升机数量多、尺寸大且与气流接触,所以共轴双旋翼无人直升机比单旋翼无人直升机废阻面积更大。共轴双旋翼无人直升机与单旋翼无人直升机相比,悬停和中低速飞行状态下需用功率较小,随着转速的提高,需用功率也逐渐提高到比单旋翼无人直升机更大,这一特点决定了共轴双旋翼无人直升机具有实用升限大、爬升速度高和续航时间长等特点,且较单旋翼无人直升机平飞速度大、巡航速度大、飞行范围大。由于共轴双旋翼无人直升机操纵系统构件特殊,且两旋翼之间须有一定距离,所以难以使废阻面积减小至单旋翼无人直升机水平。

4.7.3 操纵系统

共轴双旋翼无人直升机同常规单旋翼带尾桨直升机相比,一个重要差别在于航向操纵形式及反应不一样,它改变上、下旋翼扭矩有全差动、半差动、桨尖制动和磁粉制动等方式。

全差动方式,即同时反方向改变上、下旋翼桨叶角,使无人直升机航向操纵平稳;半差动方式通常通过改变下旋翼桨叶角,以改变上旋翼和下旋翼功率分配使之相等或者不等以实现无人直升机航向控制;桨尖制动方式为旋翼桨尖安装阻力板,利用阻力板迎风面阻力面积变化来改变旋翼扭矩,从而达到无人直升机航向操纵与平稳;磁粉制动由传统系统内磁粉离合器分配上、下旋翼轴扭矩。

无人直升机飞行控制主要靠周期变距使旋翼桨盘锥体发生变化,进而使旋翼总升力矢量发生变化,因为旋翼气动输入(即周期变距)和旋翼响应(即挥舞)方位角之差达到90°,旋翼绕静止气流转动时,用纵向周期变距表示,上旋翼绕90°也就是前进桨叶获得纵向周期变距,这时上旋翼呈逆时针方向转动,对于上旋翼而言会获得180°响应(即挥舞)最大值。而对于下旋翼来说,上旋翼前进桨叶方位角处为下旋翼后行,这时下旋翼呈顺时针方向转动,且其桨叶前缘刚好和上旋翼方向相反,对于上旋翼最大投入刚好为下旋翼最小投入,下旋翼会实现0°最小挥舞响应,并实现下旋翼前进桨叶(上旋翼后行桨叶)最大投入和180°挥舞。因此上、下旋翼纵向周期变距操纵时挥舞平面几乎平行,类似于给定横向周期变距操纵时,上、下旋翼方位角分别为0°和180°时给上、下旋翼都赋予相同的操纵性输入。但是由于两旋翼转向方向相反而翼剖面前、后边缘方向相反,所以,当一为最大输入一为最小输入时,两旋翼最大响应与最小响应之差为180°,且其挥舞平面平行。因此共轴双旋翼无人直升机上、下旋翼自动倾斜器由若干根拉杆构成连杆机构,使上、下旋翼自动倾斜器一直保持平行。

两种典型的航向操纵结构形式即半差动和全差动形式。

1. 半差动航向操纵系统

半差动航向操纵系统示意图如图 4 - 35 所示。

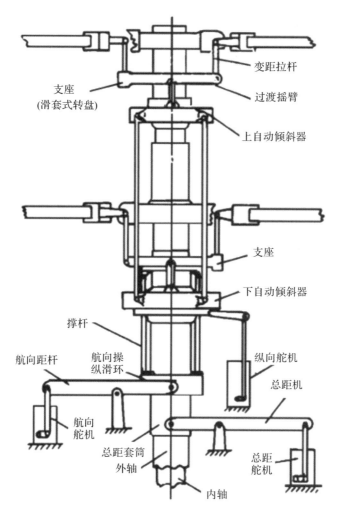

图 4 - 35　半差动航向操纵系统示意图

目前我国研制的共轴双旋翼无人直升机多采用半差动式航向操纵,总距、航向舵机与主减速器壳体固联,纵、横向舵机与总距套筒固联,并随总距套筒上、下移动。舵机输出量经拉杆摇臂,上、下倾斜器及过渡摇臂变距拉杆传至旋翼,从而转过对应桨距角达到操纵目的。

上、下桨叶分别穿过桨毂固定在内、外转轴上。在外轴外侧轴套上套装一个总距套筒并在其上再套装一个航向操纵滑环,滑套式转盘与下倾斜器内环间可沿轴向上或向下相对运动而不旋转。上倾斜器的内环和内轴以滑键连接,既能沿轴向上或向下相对移动,又能随着内轴旋转。上倾斜器和下倾斜器的外环由扭力臂和上、下桨叶同步进行旋转,由一根等长撑杆连接在一起,实现上桨叶和下桨叶在同一桨距角范围内同步旋转。所述上倾斜器和所述上旋翼之间的摇臂支座与所述内轴直接夹固并随着所述内轴一起旋转。下倾斜器和下旋翼之间的摇臂支座套入轴套内,在半差动的航向操纵下能够上、下滑动且其外圈随下旋翼旋转。半差动航向操纵过程是:航向舵机输出由航向杠杆驱动航向操纵滑环在总距套筒内上、下滑移,滑环通过两撑杆驱动过渡摇臂支座。与支座铰接的过渡摇臂,借助于两组推拉杆与下倾斜器、下桨叶变距摇臂相连,使下部桨叶迎角发生改变,从而引起下部旋翼气动力作用在机体上引起反扭矩改变,该值即航向操纵力矩。然后通过这个力矩来确定航向速率及转弯方向以达到航向操纵。

上述半差动航向操纵方案中,总距操纵是由上、下运动自动倾斜器所完成的,也就是说,总距操纵除克服上、下旋翼铰链力矩之外,还需克服上、下倾斜器,上、下倾斜器杆及有关套筒、部件的质量。

因此,这种半差动操纵系统机构更适合小型共轴双旋翼无人直升机的操纵。由于对小型无人直升机而言,旋翼轴径比较小,各操纵线系仅能从轴外侧走行,上、下旋翼自动倾斜器及有关部件质量都比较轻,所以使用这种方案比较容易实现。而且对大尺寸共轴双旋翼无人直升机来说,它与上、下旋翼相连的传动系统——桨毂和操纵机构都比人类还要高大,操纵这样大的机构进行上、下、左、右运动是不可想象的。半差动方案仅使下旋翼总距发生变化,导致垂向运动存在很大耦合。但是,用总距补偿的方法是完全能够解决这一问题的。

2. 全差动航向操纵方案

共轴双旋翼无人直升机的全差动航向操纵方案是指,在航向操纵时大小相等、方向相反地改变上、下旋翼的总距,从而使无人直升机的合扭矩不平衡,机体产生航向操纵的力矩。因为操纵过程中上、下旋翼总距始终是一增一减,所以航向操纵和总升力变化耦合很小,也就是用来补偿因差动操纵而产生升力变化需要的总距很小。很明显,这种方案能减轻驾驶员的操纵负担。

操纵机构在上旋翼轴和下旋翼轴上分别设置有能够上、下运动的套筒,套筒与旋翼轴同步进行旋转并能够沿着旋翼轴相对上、下运动。

上、下旋翼套筒靠近上、下旋翼桨毂,套筒与上、下旋翼的变距摇臂相连,变距摇臂与不同距离的旋翼变距拉杆、自动倾斜器的外环支杆相铰接构成杠杆摇臂,并由上、下运动套筒完成变距运动。两套筒内安装有变距装置,变距装置连接有位于主减速器底端的总距手柄及航向手柄,总距手柄带动变距装置沿竖直方向移动,实现上旋翼及下旋翼的总距同时增大或减小,从而实现无人直升机升力变化。航向手柄由正、反旋转变距装置完成上旋翼和下旋翼的总距一增一减动作,继而完成航向操纵。

由于操纵拉杆装置位于轴的内部,使整个外部操纵机构变得简单清洁,上自动倾斜器和下自动倾斜器均不沿轴向移动。该结构方案更适于大型无人直升机使用,由于轴系内径比较大,所以可给操纵装置的安装带来更大的余地。而且对轻小型无人直升机来说,因其体积所限,使用此种方案将有一定难度。

4.7.4 传动系统

共轴双旋翼无人直升机的传动系统由离合器、减速器把发动机动力传给上、下旋翼轴。

以下主要对较有代表性的等转速方案进行介绍,所谓的等转速方案就是上、下旋翼经过齿轮换向,并且经过齿轮始终保持同一减速比。

通常共轴双旋翼无人直升机的上、下旋翼轴由内、外轴共同反转。上、下旋翼内、外轴再由主减速器内部圆锥齿轮完成换向运动。因此主减速器不仅作为动力传递减速装置,而且作为上、下旋翼换向装置使用。对轴系而言,通常至少有上、下旋翼轴,套筒 3 个零件。所述上旋翼和所述内轴之间通过桨毂连接,所述内轴穿设于所述外轴和所述下旋翼之间,且与所述外轴交叉点处通过轴承间隔设置,这里所述轴承一方面分隔所述内轴和所述外轴之间的移动,另一方面使得所述外轴支撑所述内轴于该点处。所述内轴的下端连接有下锥齿轮,所述下锥齿轮通过轴承被减速器壳体所支撑。套筒固连于减速器壳体上,且于下部自动倾斜器上由轴承支撑外轴。外轴下端用平键或者花键连接上锥齿轮,用轴承固定减速器壳体。

第5章　机身

　　无人直升机的机身用来支撑和固定无人直升机的组成部件（如旋翼系统、动力装置、传动系统、燃油系统、起落架及任务载荷等），同时还维持无人直升机的气动外形，承受并传递总体载荷，因此必须保证机身结构在任何允许的使用情况下都具有足够的强度和一定的刚度，这对于保证上述各部件的正常工作和使用的安全可靠是十分重要的。同时机身结构只能要求具有足够的强度和一定的刚度，而不是在设计时要求强度和刚度越大越好，因为增大强度和刚度往往总是伴随着增加机身结构的质量，从而会影响无人直升机的飞行性能和有效载重，所以在满足一定的强度和刚度要求的前提下尽可能减轻结构的质量是机身设计的主要要求之一。

　　为了减轻无人直升机机身结构的质量，必须合理选择结构承力方式，正确布置和利用各主要承力构件，合理地确定载荷情况及相应的外载荷，选择合理的强度、刚度设计准则，选择每个结构件的材料、承力方式、剖面形状等，设计过程中缩短结构传力路线，一般会相应地降低结构质量。

　　为满足无人直升机设备的检查、维护需求，应在机身相应位置设计口盖，为保证强度及刚度要求，对机身开口处应考虑合理的补强设计。机载雷达、数据链天线等设备在机身安装时，既要保证安装结构的强度及刚度要求，同时对机身蒙皮也有透波性要求，因此，机身对应位置材料须做特殊选择处理。

5.1　机身的典型结构形式

　　机身的典型结构形式可以分为桁架式结构、薄壁式结构和夹层式结构。

1. 桁架式结构

　　图 5-1 为桁架式结构，是使用无缝管材焊接而成的空间结构，小型无人直升机使用桁架式结构比较多。桁架式结构尽管简单，但气动阻力较大，飞行速度越大，问题越严重。因此在桁架机身外面会安装整流罩以减小阻力，但这样势必会增加机身整体质量。桁架式机身骨架由钢材、铝合金或钛合金制成，并且用机械加工件作为接头与相关分系统连接，通过焊接、抑接或螺栓连接成为整体。在桁架式结构外固定整形用的隔框、桁条和蒙皮，用于维持外形减小机身阻力。

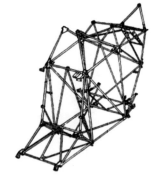

图 5-1　无人直升机桁架式结构

在无人直升机中常用的桁架式结构有普拉特式(N 形桁架)和瓦伦式(W 形桁架)两种。两种形式均以机身大梁为中心构筑桁架结构,以大梁为主要构件承载扭曲与弯曲。普拉特式桁架机身大梁与纵横钢管相连,采用对角连接件进行加固,钢管受到拉伸载荷作用,如图 5-2 所示。瓦伦式桁架主要依靠对角件来承受拉伸和压缩载荷,如图 5-3 所示。

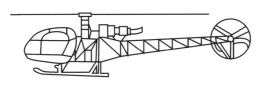

图 5-2 普拉特式桁架

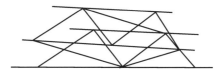

图 5-3 瓦伦式桁架

2. 薄壁式结构

薄壁式结构按承力形式又分为梁式结构、半硬壳式结构和硬壳式结构。

(1)梁式结构。梁式结构全机弯曲,扭转和剪切载荷均以梁为主。普通桁条比较薄弱,只起到支撑蒙皮保持形状的功能。蒙皮的厚度非常薄,刚度很小。横向载荷以加强框为主,普通框起保持结构外形、支撑蒙皮及桁条的作用,如图 5-4 所示。

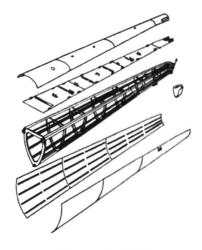

图 5-4 梁式结构

（2）半硬壳式结构。半硬壳式结构的所有桁条没有明显的强弱差别,同时起到维持外形、支撑载荷的作用,蒙皮厚度比梁式结构的蒙皮厚,刚度也相应地增大,它不但以剪应力的形式承受和传递载荷,而且还按其厚度的大小(即刚度的大小),程度不等地与衍条一起以正应力的形式去承受和传递载荷,如图 5-5 所示。在当前中、重型直升机领域,半硬壳式结构应用较广。

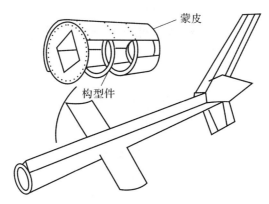

图 5-5　半硬壳式结构

（3）硬壳式结构。硬壳式结构仅有刚度较大的厚蒙皮而无桁条,通过蒙皮来承担全部载荷,该结构的优势在于利用复合材料在机身结构中的运用,与铝合金相比,它的比强度、比刚度更高,可以大大减轻结构质量,而且破损安全性好、成型工艺简单,缺点是不易于开口,对后期设备及系统的检查及维护造成不便,如图 5-6 所示。

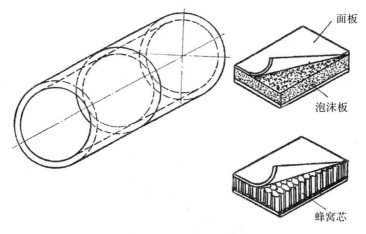

图 5-6　硬壳式结构

3. 夹层式结构

夹层式结构主要有层压板与夹层板两种形式,伴随着复合材料工艺的进步,融合体、模块化、缠绕结构与三维多向编织、层压板＋缝纫、复合材料智能结构与树脂传递模塑(RTM)工艺制造等各种形式也应运而生。图 5-7 为某型无人直升机采用整体式的复合材料维形件结构示例。

图 5 - 7　复合材料机身保形蒙皮结构示例

夹层板结构主要用于维持机身蒙皮外形及任务载荷舱体(见图 5 - 8)结构等。任务载荷舱一般在保证结构安装要求的同时,需要便于后期检查及维护,同时天线及雷达等设备位置须做透波处理。

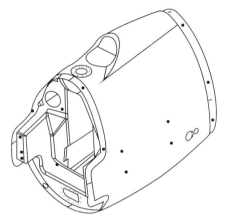

图 5 - 8　任务载荷舱体

(1) 透波材料结构。无人直升机机身中典型的透波材料结构有薄壁式、A 型夹层结构、三层夹层结构,主要根据使用环境及要求进行选取,强度与质量依次递增。

1)薄壁式。薄壁式结构的机身蒙皮一般使用玻璃纤维布材料,如图 5 - 9 所示。对于有透波要求的蒙皮,其最佳厚度是对应于相应入射角下介质材料的半波长的倍数。

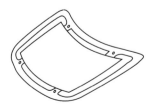

图 5 - 9　薄壁式蒙皮结构

2）A 型夹层结构。A 型夹层结构是由两层比较致密的面板和一层较厚的低密度芯材组成的,如图 5-10 所示,这种结构具有比较高的强度与质量比。面板一般是玻璃纤维布或石英布,芯材一般是泡沫、玻璃布或芳纶纸蜂窝。

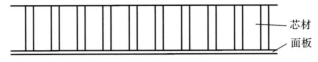

图 5-10　A 型夹层结构

3）三层夹层结构。三层夹层结构具有两层外面板和一层中间面板,面板之间有两层芯材,如图 5-11 所示。

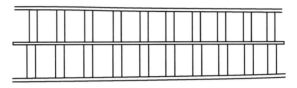

图 5-11　三层夹层结构

（2）透波材料选择。机身透波材料选择时需考虑强度、刚度及电性能等方面,以保证满足使用要求。表 5-1 为常用材料的电性能表。

表 5-1　常用材料的电性能表

材　料		频率/MHz	介电常数	损耗正切
塑料	聚碳酸酯	8 500	2.86	0.006
	聚四氟乙烯	8 500	2.10	0.000 5
	聚苯醚	8 500	2.58	0.005
	双酚 A 型氰酸酯树脂（FSY-1）	8 000～40 000	2.82～2.83	0.005 99～0.005 75
层压板	SC-BG 玻璃纤维增强塑料	10 000	4.02	0.018
	环氧-E 玻璃布	8 500	4.40	0.016
	聚酯-E 玻璃布	8 500	4.10	0.015
	聚脂-石英玻璃布	8 500	3.70	0.007
	聚丁二烯	8 500	3.83	0.001 5
	聚酰亚胺-石英纤维增强	8 500	3.2	0.003
芯材	NH-1-4.5 苏纶纸蜂窝	10 000	1.07	0.002 5
	NF-1-4.5 苏纶纸蜂窝	10 000	1.07	0.002
	GH-1-4.5 玻璃纸蜂窝	10 000	1.08	0.001 2
	聚氨酯	8 500	1.16	0.002 4

5.2　机身传力路线分析

　　机身结构设计中,传力路线应尽量短而直接,以充分利用结构的承载能力,有效地减轻机身结构质量。无人直升机机身是主要的承力部分,下面以图 5-12 为例,简单进行无人直升机机身传力路线分析。

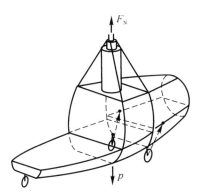

图 5-12　机身传力路线简图

　　图 5-12 中,无人直升机机身为刚性整体组件,直接承受飞行载荷——升力(F_N)和重力(p),并在着陆时承受起落架传来的载荷。无人直升机着陆时主起落架(后端两轮)直接通过隔框向上传递载荷,隔框与大梁共同支撑着传动系统、旋翼系统、动力装置、载荷设备,承受在飞行过程中的各向载荷。

5.3　机身主承力件设计

　　无人直升机相较于固定翼飞机具有飞行速度、过载、气动载荷均较小的特点,且总体静强度比较容易满足,机身应力水平较低,故集中载荷的传递、扩散,主要承力构件的设计是结构设计应着重考虑的问题。桁架式机身主承力件包括主减速器接头、起落架接头、发动机安装接口等。如图 5-13 所示,发动机安装支架由安装接口管材焊接成型,为承载发动机并传递载荷,同时考虑环境适应性要求,应选用高比强度且耐腐蚀的钛合金材料进行加工焊接。

图 5-13　发送机安装支架

　　薄壁式机身主承力件包括加强框、普通框、主减速器接头和侧板等,如图 5-14 至图 5-16 所示。

　　加强框在薄壁式机身上的定位是依据总体结构布局要求以及载荷分布来决定的,而普通框的定位则是依据使用要求以及载荷大小来决定的,纵向构件的形式和位置则按总体布局要求确定。当受到与框平面垂直的集中载荷时,要设置加强桁条或横梁;当未受到集中力时,可根据结构布置要求布置长、短桁条。

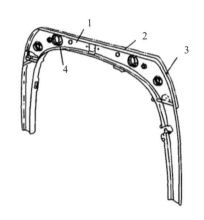

图 5-14　加强框示例

1—框腹板;　2—上缘条;　3—侧缘条;　4—内缘条

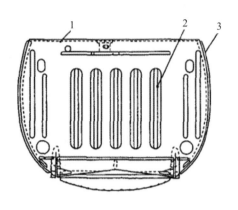

图 5-15　板框示例

1—腹板;　2—加强槽;　3—缘条

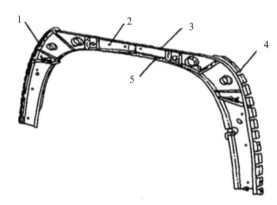

图 5-16　普通框示例

1—框缘板;　2—框腹板;　3—上缘条;　4—长桁缺口;　5—内缘条

　　如图 5-17 所示,主减速器接头在无人直升机飞行过程中承受较大且交变载荷,因此,除了保证静强度外,还应采取措施以提高疲劳强度。因此选用高强度、高韧性和抗疲劳性的 40CrNiMoA 合金钢材料。在结构设计时应考虑使接头上合力作用线通过凸台与接头底部螺栓中心线相交的点,即通过紧固接头的螺栓组的形心,使各螺栓受力均匀,避免在螺栓上产生附加偏心力矩,改善螺栓的受力状态,减少连接件数量,减轻加强件质量,有效提高接头的使用寿命。

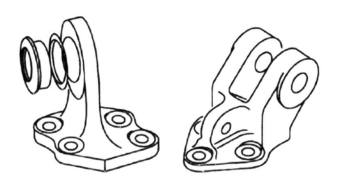

图 5 - 17　主减速器接头示例

　　考虑到无人直升机在环境适应性方面的要求,需要对零件进行表面处理。主减速器接头一般承受较大的载荷,因此选择高强度合金钢,若采用镀镉钝化或镀锌钝化进行表面处理,不可避免地会产生氢脆,故对主减速器接头一般采用喷砂、表面磷化处理后再涂漆保护,由于磷化层不耐磨,所以在接头下表面与其他结构件接触位置仅在装配时涂防锈油来防腐蚀。

第6章 动力系统

6.1 动力系统概述

无人直升机由其动力系统提供动力,以实现自身的飞行、机动等。目前来说,无人直升机的动力系统有三种:以电池为能源的电动系统、以燃油类发动机为动力的油动系统以及油电混合系统。不同无人机使用的动力系统也会不同,具体与无人机自身的质量和其所承担的任务有关。对于无人直升机,本章重点介绍使用最为普遍的航空活塞式发动机动力系统,对于涡轮轴发动机和转子发动机作简单的介绍。

6.2 活塞式发动机

6.2.1 分类

由于长期发展的结果,航空活塞式发动机种类繁多,形式千差万别,但有的类型已经逐渐淘汰。从基本工作原理的差别看,航空活塞式发动机分为四冲程和二冲程两种。其中四冲程发动机的应用最为广泛。

1. 按混合气形成的方式划分

根据混合气形成的方式不同,航空活塞式发动机可分为汽化器式发动机和直接喷射式发动机。

汽化器式发动机装有汽化器,燃油与空气在汽化器内混合好后,再进入发动机汽缸中燃烧。直接喷射式发动机装有燃油直接喷射装置,发动机工作时燃油由该装置直接喷入各汽缸或汽缸头部进气腔室,与适量的空气在汽缸内形成混合气。

2. 按发动机的冷却方式划分

航空活塞式发动机按其冷却方式分为气冷式和液冷式。图6-1和图6-2分别为两种冷却方式发动机的外形。

气冷式发动机直接利用飞行中的迎面气流来冷却汽缸和相关部件。液冷式发动机是用循环液体对汽缸及有关零件进行冷却,而后冷却液又把吸收的热散发到大气。

图 6 - 1　气冷式发动机

图 6 - 2　液冷式发动机

3. 按空气进入汽缸前是否增压划分

根据空气在进入汽缸前是否增压,航空活塞式发动机分为吸气式发动机和增压式发动机。

吸气式发动机工作时,外界的空气被直接吸入发动机汽缸。一般吸气式发动机用在飞行高度较低的飞机上。增压式发动机装有增压器,外界空气进入汽缸前,先经过增压器提高压力后,再进入发动机汽缸。增压式发动机一般用在飞行高度较高的飞机上。

4. 按点火方式不同划分

按点火方式不同,航空活塞式发动机可分为电火花点燃燃料的点燃式发动机和压缩空气使空气温度升高点燃燃料的压燃式发动机。大部分汽油机都是点燃式,大部分柴油机都是压燃式。无人直升机多使用以汽油为燃料的点燃式航空活塞式发动机。

5. 按汽缸排列方式划分

按汽缸的排列方式,可分为星型和直列型发动机。直列型发动机的汽缸是以"列队"方式前、后、左、右布置,其形式也有单排直列型、水平对置型、H 型或 V 型等。目前使用中最常见的为水平对置型,即汽缸在机匣左、右两侧各排成一行,彼此相对,这种发动机有四缸、六缸和八缸等,如图 6 - 3 所示。

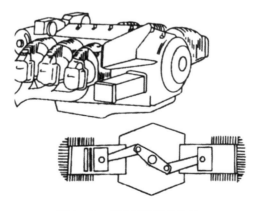

图 6 - 3　水平对置型发动机

星型发动机的汽缸排列是辐射状的,也有单排星型与双排星型之分。随着航空喷气发动机的发展,双排星型活塞式发动机在航空中的应用已经减少,目前航空中应用的主要是单排星型活塞式发动机,如图 6-4 所示。

6-4　单排星型发动机

6. 按驱动螺旋桨的方式划分

根据发动机曲轴和螺旋桨之间是否装有减速器,航空活塞式发动机可以分为直接驱动式和非直接驱动式发动机。直接驱动式发动机的螺旋桨由发动机曲轴直接驱动,非直接驱动式发动机的螺旋桨由发动机曲轴通过减速器驱动。

6.2.2　组成

航空活塞式发动机的形式、构造繁简不一,但是它们的基本组成部分和基本工作原理都大体相同,由以下主要机件和一些附件工作系统组成。

1. 主要机件

航空活塞式发动机的主要机件包括汽缸、活塞、连杆、曲轴、气门机构和机匣。这些机件的相互位置关系如图 6-5 所示。汽缸呈圆筒形,固定在机匣上;活塞装在汽缸内,并通过连杆和曲轴相连,曲轴由机匣支撑;曲轴与螺旋桨轴相连,有的发动机曲轴的轴头本身就是螺旋桨轴;气门机构由进气门、排气门以及凸轮盘(或凸轮轴)、挺杆、推杆、摇臂等传动机件组成,这些机件分别安装在汽缸和机匣上。

汽缸作为混合气燃烧的场所,把燃料燃烧所释放的热能转化为机械能,汽缸头上安装有引燃混合气的电火花塞(通称电嘴)和进气门、排气门。发动机在运行过程中汽缸的温度较高,因此在汽缸的外壁上设置了大量的散热片以增加散热面积。汽缸与发动机壳体(机匣)之间的布置方式多为星型或 V 型布置。普通星型发动机为 5 缸、7 缸、9 缸、14 缸、18 缸或24 缸。当单缸容积不变时,汽缸数目愈多,发动机功率愈大。水冷发动机汽缸体与上曲轴箱往往浇铸在一起,称汽缸体或曲轴箱。汽缸体通常由灰铸铁铸造而成,汽缸体上端的圆柱形空腔叫汽缸,下部是曲轴箱支撑曲轴,曲轴箱内腔是曲轴活动的场所。汽缸体内铸有大量加强筋、冷却水套及润滑油道。

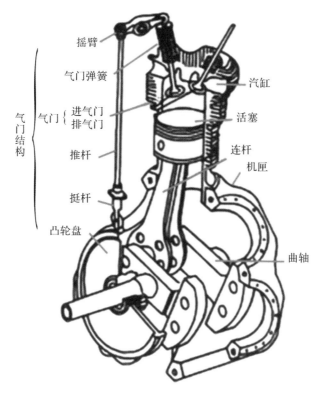

图 6 - 5　航空活塞式发动机的组成

活塞在汽缸内作往复运动,燃气压力作用在活塞顶面上,活塞就被推动而做功。燃气所做的功,最终用来带动螺旋桨旋转,产生拉力,使无人直升机前进(或上升),但是活塞在汽缸中只能作直线运动,因此必须将活塞直线运动变成螺旋桨旋转运动,这个任务即由连杆和曲轴来完成。如前所述,连杆的一端连接活塞,另一端与曲轴的曲颈相连。活塞在燃气压力作用下作直线运动,经连杆驱动,可带动曲轴转动,从而带动螺旋桨旋转。除此之外,曲轴还要带动一些附件(如各种油泵、发电机等)。活塞、连杆和曲轴这三个在运动中密切关联的机件,通常合称为曲拐机构。当发动机运转时,汽缸内不断进行着气体的新陈代谢,气门机构的作用就是控制气门的开启和关闭,以保证新鲜混合气(或空气)在适当时机进入汽缸,以及保证燃烧做功后的废气适时地从汽缸排出。机匣是发动机的壳体,它除了用来安装汽缸和支持曲轴外,其内、外安装着发动机的所有主要零件和附件,承受各种载荷,此外还将发动机的所有机件连接起来,构成一台完整的发动机。

2. 工作系统

航空活塞式发动机需要以上各大机件配合才能正常工作。发动机各配件分属各工作系统,各系统担负着发动机工作的某一方面。

（1）进气系统。进气系统功能为：使外界空气与燃油混合后再将油气混合物输送至进行燃烧的汽缸内。进气系统在活塞式发动机中起着动脉的作用，它向发动机供给燃烧做功需要的洁净空气与燃油。外部空气由发动机罩正面进气口（安装空气滤清器）流入进气系统。

（2）燃油系统。航空活塞式发动机的燃油系统包括油箱、油泵、燃油过滤器、汽化器或燃油喷射系统等。燃油系统用于为油箱至发动机提供连续清洁的燃油流量。在全部发动机功率、高度、姿态以及全部批准的飞行机动中，燃油都要能提供给发动机使用。在无人直升机系统中，通常采用两种常规类燃油系统，即重力馈送和燃油泵。重力馈送系统利用重力将油箱中的燃油送至发动机。如果飞机的设计不能用重力输送燃油，就要安装燃油泵。

（3）点火系统。点火系统是用于点燃燃油空气混合气的系统。点火系统产生足够能量的高压电流，准时并可靠地在火花塞两电极间击穿并产生火花，点燃发动机汽缸内的混合气，并能自动调整提前点火角，以适应发动机不同工况的需求。

点火系统的种类繁多。早期的航空活塞式发动机采用由飞轮磁电机、点火线圈、白金触点断电器和火花塞组成的点火系统。随着电子技术的发展，当前的航空活塞式发动机多采用可控硅无触点电容放电式点火系统。电容放电式点火系统由霍尔效应传感器、点火控制盒、点火线圈和火花塞等组成。

（4）启动系统。为了实现发动机从静止状态向工作状态的转变，首先需要借助外力带动发动机曲轴转动，从而带动活塞作往复移动，汽缸中的可燃混合气体烧胀做功并带动活塞下移带动曲轴转动，这样发动机就能自行工作并自动完成工作循环。因此，曲轴受外力而开始旋转直至发动机自动起动的整个过程，叫作发动机起动，需要的设备叫作发动机起动系统。

航空活塞式发动机一般有直接起动式电动起动机与间接电动惯性起动机两种，其中应用最广的为直接起动式电动起动机。启动电源可以是机载蓄电池或地面电源。

（5）冷却系统。冷却系统的作用就是向大气散发部分汽缸热量，以确保汽缸温度正常。冷却系统有气冷式和液冷式两种形式，无人直升机上多采用液冷式冷却系统。

（6）滑油系统。滑油系统的功用是不断地将滑油送到各机件的摩擦面进行润滑，以减小摩擦阻力，减轻机件的磨损。滑油在滑油泵的作用下，在滑油系统内部循环流动。

（7）排气系统。排气系统的主要作用是收集和排出发动机产生的有害废气，另外还要进行排气消音，降低噪声。涡轮增压发动机还利用发动机尾气驱动增压器涡轮及压气机来增压进气。活塞发动机的排气系统一般有短排气管式和排气总管式。

6.2.3 工作原理

航空活塞式发动机将热能转变为机械能，是由活塞运动的几个冲程来完成的。活塞运动四个冲程完成一个工作循环的发动机，叫四冲程发动机；活塞运动两个冲程完成一个工作循环的发动机，叫二冲程发动机。

1. 四冲程发动机

四冲程发动机的结构如图6-6所示。

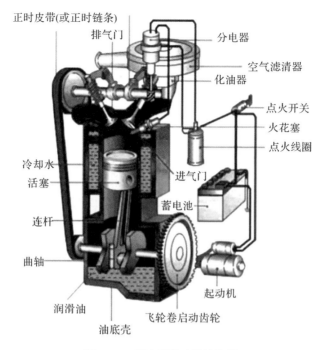

图 6 - 6　四冲程发动机结构图

下面介绍常用的两个基本名词。

（1）上止点：活塞顶距曲轴旋转中心最远距离的位置，如图 6 - 7(a)所示。

（2）下止点：活塞顶距曲轴旋转中心最近距离的位置，如图 6 - 7(b)所示。

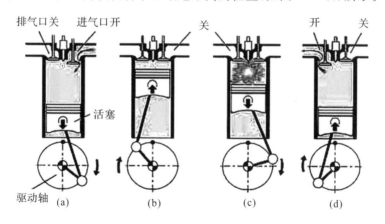

图 6 - 7　四冲程发动机工作原理

　　活塞从上止点到下止点或从下止点到上止点称为一个冲程，即曲轴转动半圈。四冲程活塞发动机每完成一个循环，活塞在上止点与下止点之间往返两次，连续地移动了四个冲程，它们分别叫作进气冲程、压缩冲程、做功冲程和排气冲程。图 6 - 7 画出了发动机四个冲程的工作图，下面分别加以说明。

　　（1）进气冲程。进气冲程的作用是使汽缸内充满新鲜混合气。当进气冲程开始时，活塞位于上止点,进气门开启,排气门闭合。活塞被曲轴驱动,从上止点移动到下止点,汽缸容积越来越大,新鲜混合气被吸入汽缸,如图6-7(a)所示。曲轴转动半圈(180°),活塞到达下止点,进气门关闭,进气冲程结束。

(2)压缩冲程。压缩冲程的功能就是将汽缸中新鲜的混合气挤压出来,并为混合气在燃烧时膨胀做功准备条件。当压缩冲程开始时,活塞位于下止点,进、排气门关闭。活塞在曲轴的带动下,由下止点向上止点运动,汽缸容积不断缩小,混合气受到压缩,如图6-7(b)所示,气体的温度和压力不断升高。当曲轴旋转半圈,活塞到达上止点时,压缩冲程结束。理论上当压缩冲程结束的一瞬间,电火花将混合气点燃并完全燃烧,放出热能,气体的压力和温度急剧升高。

(3)做功冲程。做功冲程的作用是使燃料的热能转换为机械能。当做功冲程开始时,活塞位于上止点,进、排气门关闭。燃烧后的高温高压燃气猛烈膨胀,推动活塞,使活塞从上止点向下止点运动,如图6-7(c)所示。这样,燃气对活塞便做了功。在做功冲程中,汽缸容积不断增大,燃气压力、温度不断降低,热能不断转换为机械能。当活塞到达下止点时,曲轴旋转了半圈,做功冲程结束,燃气也变成了废气。

(4)排气冲程。排气冲程的作用是将废气排出汽缸,以便再次充入新鲜混合气。当排气冲程开始时,活塞位于下止点,排气门打开,进气门仍关闭。活塞被曲轴带动,由下止点向上止点运动,废气被排出汽缸,如图6-7(d)所示。当曲轴转了半圈,活塞到达上止点时,排气冲程结束,排气门关闭。

排气冲程结束后,又重复进行进气冲程、压缩冲程、做功冲程和排气冲程,航空活塞式发动机就是这样周而复始地往复运动的。自进气冲程起至排气冲程止,活塞共移动四个冲程,完成了一个工作循环。一个循环结束后又接着下一个循环,令热能持续转化为机械能的发动机持续运转。因此活塞发动机在每个工作循环结束时,曲轴转动两圈(4×180°=720°),进、排气门各开关一次,点火一次,气体膨胀做功一次。

活塞进行四个冲程运动时,仅做功冲程所获机械功和剩余三个冲程所耗用的部分功均远远小于膨胀所得功。因此在所得功中减去消耗掉的那一部分功后,所剩的功还是非常大的,可以用来驱动配件及螺旋桨旋转。

2. 二冲程发动机

传统二冲程发动机的结构如图6-8所示。

图6-8　传统二冲程发动机结构简图

二冲程发动机的工作原理如图 6-9 所示。发动机完成两个冲程作为一个完整的工作循环。压缩、进气、燃烧和排气这四个步骤是曲轴旋转一圈完成的,且曲轴每旋转一圈对外做功一次。二冲程发动机的进气孔和排气孔设置在缸体上,活塞的上、下移动就能打开或关闭气孔,实现进气和排气。而四冲程发动机则是由相应的驱动机构定时地打开或者关闭进气门和排气门。

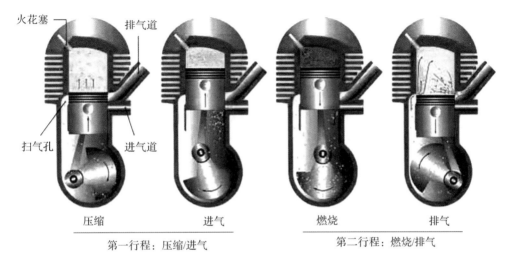

图 6-9　二冲程发动机的工作原理图

第一冲程进行进气和压缩,活塞从下止点向上运动直到上止点。当活塞位于下止点时,排气孔和扫气孔处于开启状态,进气孔被活塞挡住处于关闭状态。这时上一循环中进入曲轴箱内的可燃混合气体通过扫气孔进入汽缸,扫出汽缸内的废气。随着冲程的继续,扫气孔将先关闭,扫气终止。但由于排气孔还未关闭,所以废气和可燃混合气体仍会继续排出,这部分排出的气体叫额外排气。活塞继续上移,排气孔关闭之后,可燃混合气体开始被活塞压缩直至到达上止点。

第二冲程进行燃烧和排气,活塞从上止点向下运动到下止点。活塞将可燃混合气体压缩到上止点后点火装置将可燃混合气体引燃,气体经燃烧膨胀做功。此时唯有进气孔仍然处于开启状态,扫气孔和排气孔处于闭合状态,可燃混合气通过进气孔继续流入曲轴箱,直至活塞因燃烧做功推动下移将进气孔关闭为止。在活塞继续向下止点移动的过程中,曲轴箱内的可燃混合气体经容积不断减小被预压缩。此后,活塞继续下移,排气孔最先开启,可燃混合气体在汽缸内经燃烧产生的废气从排气孔排出,做功结束。随后活塞在曲轴惯性作用下继续下移又将扫气孔开启,曲轴箱内的可燃混合气体经扫气孔进入汽缸,扫出汽缸内的废气,开始扫气过程,直至扫气孔被关闭为止。

二冲程发动机由于其自身的结构,具有以下优点:

(1)二冲程发动机不带阀门,使其结构大为简化,本身质量也得到降低。

(2)二冲程发动机每一回转点火一次,而四冲程发动机则每隔一次回转点火一次。这就赋予了二冲程发动机一个重要的动力基础。

(3)二冲程发动机可以工作于任意方位,对于链锯等一些设备来说具有非常重要的意义。标准四冲程发动机除非处于直立状态,否则当油料摇晃时就会失效。解决了这一问题,将使发动机的灵活性大大提高。

这些优势使得二冲程发动机更轻、更简单、制造成本更低。二冲程发动机此外还可能把加倍的功率装在同一个空间里,这是因为每一次回转其功率冲程都是加倍。轻巧与双倍动力相结合,让其拥有比很多四冲程发动机都要惊人的"推重比"。

二冲程发动机的主要缺点如下:

(1)二冲程发动机不如四冲程发动机那样可持续使用那么长时间。精密润滑系统的不完善意味着二冲程发动机的零部件耗损得更快。

(2)二冲程发动机润滑油价格高昂,每使用一加仑汽油就需要四盎司润滑油。如果在轿车上若采用二冲程发动机,那么每一千英里就要烧掉一加仑的润滑油。

(3)二冲程发动机的燃料消耗效率不高,因此格外"费油"。

(4)二冲程发动机会产生大量的污染,而这些污染主要来源于两个方面:①润滑油烧损。从一定程度上讲,润滑油使得所有二冲程发动机都充满了烟雾,一台磨损严重的二冲程发动机可以排放大团含油烟雾。②只要向燃烧室内喷入大量新的空气/燃料,其中一部分就会从排气口漏出。正因为如此,任何二冲程摩托艇的四周都可以见到具有高光亮的润滑油混合了泄漏出来的润滑油新燃油中释放出的碳氢化合物,给环境带来了极大的困扰。

6.3 涡轮轴发动机

涡轮轴发动机的功率远大于活塞式发动机,但其耗油率也更加高,制造较为困难,成本较高,要有一个大减速系统,因此涡轮轴发动机对于大型直升机来说是很合适的。

涡轮轴发动机属于航空燃气涡轮发动机。在核心机或燃气发生器后面,增加了一组涡轮(一级或多级),燃气经过这个后面的涡轮(俗称动力涡轮或低压涡轮)展开,带动其高速转动并发出一定功率,动力涡轮前轴(叫动力轴)经过核心机转子,通过压气机前面的减速器减速慢行,从输出轴上输出动力,形成涡轮轴发动机(见图6-10)。在涡轮轴发动机中,燃气发生器所产生的可利用能量基本完全被动力涡轮所吸收,由动力轴导出,经无人直升机上主减速器减速时带动直升机旋翼及尾桨,尾喷管喷出的燃气温度极低,流速很大,基本没有推力。

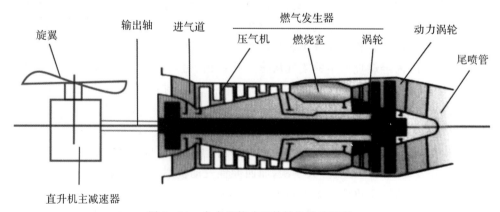

图6-10 自由涡轮式涡轮轴发动机简图

大多数涡轮轴发动机的动力涡轮和核心机涡轮分离并在不同速度下运行。

因为动力涡轮和核心机并不机械地连接成一个整体,所以又叫自由涡轮,图 6-10 就是这类涡轮轴发动机。在一些涡轮轴发动机上,动力涡轮并不通过前轴经燃气发生器输出前进动力,而是从涡轮转子后轴输出后退动力。国产直 9 直升机采用涡轴 8 发动机自由涡轮,也就是向后输出功率,其结构示意图如图 6-11 所示。

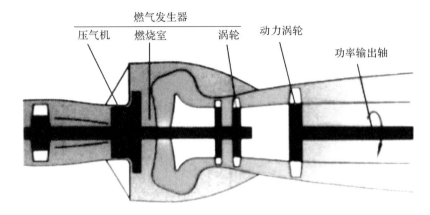

图 6-11　后输出轴的自由涡轮式涡轮轴发动机

少数的涡轮轴发动机把动力涡轮和核心机涡轮机械连接为定轴式或单轴式涡轮轴发动机(见图 6-12)。

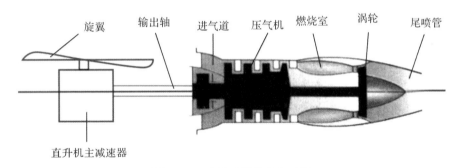

图 6-12　定轴式涡轮轴发动机

一架直升机通常会安装 1～3 台发动机。

由于直升机旋翼转速很低,大约 100 r/min,涡轮轴发动机的涡轮轴转速则很高,通常为 10 000～40 000 r/min 甚至更高(发动机功率越小,输出轴转速越高),因此在直升机上有主减速器把 2～3 台发动机功率输出轴横向送入减速器中,减速以后旋翼轴纵向上升带动旋翼旋转。发动机通常与主减速器之间存在一定距离,需要经过功率输出轴传递给主减速器动力。为避免主减速器减速比过大而增加其复杂程度和质量,一般不能把涡轮轴和主减速器直接连接起来,而是需要在涡轮轴发动机压气机前安装一个减速器,首先使涡轮轴转速变慢,然后由"功率输出轴"向主减速器输送动力,这种减速器叫作涡轮轴发动机的"体内减速器"。此外,功率输出轴转速不宜过小或过大:过小,功率输出轴直径会较大,从而增加质量;过大,尽管输出轴径可很小,但是会使得直升机主减速器构造复杂,质量较大,而且很难解决输出轴转子动力学难题。已有涡轮轴发动机功率输出轴速度多在 6 000 r/min 左右,少数在 8 000 r/min 左右。

6.3.1　分类

涡轮轴发动机根据是否有自由涡轮分为定轴式和自由涡轮式两类。

1. 定轴式涡轮轴发动机

定轴式涡轮轴发动机又称固定涡轮式涡轮发动机(见图 6 - 12),涡轮同时驱动压气机和功率输出轴,定轴式涡轮发动机涡轮输出的动力比压气机要求的动力大得多,其余动力由减速器输出以驱动直升机旋翼及尾桨,因为动力输出轴和核心机之间是机械连接,所以它有功率传送容易、构造简单、操纵调节容易等优点,但是它也有起动性能较差(起动加速较慢)、加速性较差、动力输出轴速度较高而对减速器要求较高等缺点。

2. 自由涡轮式涡轮轴发动机

自由涡轮式涡轮轴发动机(见图 6 - 10)由燃气发生器和自由涡轮组成。产生输出功率的自由涡轮安装在发动机功率输出轴上,此轴与核心机转子无机械联系,它们之间仅有气动联系。由于自由涡轮是输出轴功率的,所以又称自由涡轮为动力涡轮。自由涡轮式涡轮轴发动机与定轴式涡轮轴发动机相比,起动性能好,工作稳定,加速性能较好,调节性能和经济性好,但其结构比较复杂。大部分涡轮轴发动机为自由涡轮式涡轮轴发动机,定轴式涡轮轴发动机仅用于一些功率较小的发动机中。

6.3.2　构造

涡轮轴发动机主要包括进气装置、压气机、燃烧室、燃气发生器涡轮、动力涡轮(自由涡轮)、排气装置及体内减速器、附件传动装置等部件(见图 6 - 13)。由于各类涡轮发动机的结构和特点有很多共同之处,所以这里仅对涡轮轴发动机中与其他类型涡轮发动机差异较大的部件予以阐述。

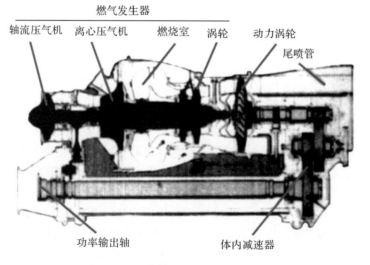

图 6 - 13　涡轮轴发动机基本构造示意图

1. 进气装置

当无人直升机工作时,旋翼会向下吹入大量空气,通常对发动机的作业没有明显的影响。但是,当无人直升机在现场(非水泥地面)尤其是在多沙地带或沙漠中起降或近地悬停时,向下吹起的空气流会将地面的沙尘吹起,扬起的沙尘会随着空气流进发动机内部,对发动机的工作十分不利。流进发动机的空气,在流向压气机时会打坏或磨蚀叶片,正常的叶片型面被损坏,会使压气机效率下降。更为严重的是,沙尘会随着空气进入涡轮工作叶片内部细小的冷却通道,造成通道阻塞,从而导致涡轮工作叶片温度过高甚至烧毁。

为了防止沙尘进入发动机内通道磨损或打坏机件,破坏发动机运行,涡轮轴发动机,尤其是军用武装无人直升机用的涡轮轴发动机在其进气道处通常需安装防止沙尘进入发动机内通道的装置,如滤网、粒子分离装置等。

涡轮轴发动机设计时应合理地选择进气口和排气口的位置。由于无人直升机的旋翼旋转时会引起空气旋流,所以当无人直升机处于近地悬停状态或在大风下起飞时会使燃气排气回流到发动机进气装置中。燃气进入进气装置,会导致发动机输出功率降低并影响发动机的稳定工作,还可能引起发动机超温。

2. 压气机

涡轮轴发动机和其他航空燃气涡轮发动机相同,为使发动机达到较高的热效率与单位功率,其压气机须不断增大增压比和效率。涡轮轴发动机的压气机历经了纯轴流式,轴流式加离心式的组合式,单、双级离心式的过程。早期的涡轮轴发动机大多为定轴式结构,因此其压气机多采用纯轴流式(多级)压气机。对于要求高增压比的小型涡轮发动机来讲,随着压气机级数的增加,转子跨度过长会产生转子动力学上的难题,同时带来了结构复杂、稳定工作范围窄等问题。因此,在 20 世纪 70 年代后期,轴流离心组合式压气机应运而生,较好地解决了小型涡轮轴发动机转子动力学的难题。图 6-5 所示的发动机是我国生产的涡轴8 型涡轮轴发动机,它采用了轴流式加离心式的组合式压气机,其增压比为 8.0。

以轴流离心组合式压气机为基础,为进一步改善涡轮轴发动机的转子动力学特性和抗外物能力,且为了提高总增压比,随着离心压气机设计和加工技术的提高,现代和下一代涡轮轴发动机开始采用双级离心式压气机,发动机的性能可得到显著提升。

3. 燃烧室

涡轮轴发动机,因进入发动机的空气流量很小,而压气机又以轴流式加离心式组合压气机或双级离心式压气机居多,故普遍使用回流式燃烧室和折流式燃烧室。由于两个燃烧室都可以很好地和离心式压气机相匹配,所以某些小功率涡轮螺旋桨发动机上也使用了上述两种燃烧室。

4. 自由涡轮

多数涡轮轴发动机都采用自由涡轮式结构,所谓自由涡轮就是与核心机转子之间没有机械联系而只存在气动联系。现代自由涡轮式涡轮机动力涡轮,即自由涡轮,通常采用一、二级轴流式结构。核心机高温燃气先流经带动压气机工作的高压涡轮即燃气发生器涡轮后,再流经动力涡轮,经动力涡轮轴传递轴功率至减速器,再带动直升机旋翼。自由涡轮式涡轮轴发动机的自由涡轮转速远低于燃气发生器转子转速,经体内减速器输出转速大多在

6 000～8 000 r/min 之间。

5. 排气装置

排气装置用于排放燃气。涡轮轴发动机排气系统和涡喷涡扇发动机排气系统存在明显区别。它希望排气速度尽可能高,以便让动力涡轮能够输出较大轴功率,从而使动力涡轮落压比获得较高,而输出功率较高。因此其排气装置通道多制成喇叭状扩散形结构,以方便排气扩压最大化。

在多数发动机上,动力涡轮上的传动轴通过燃气发生器转子中心向前方延伸,此时排气装置制成和普通航空燃气涡轮发动机相同的形状,也就是尾喷管轴心线和发动机轴心线相同,燃气横向向后流出。但在某些发动机上,动力涡轮上的传动轴会往后传,此时动力涡轮上就会有支撑转子的轴承和减速齿轮,排气装置就不可能直接往后布置,需要和轴心线成一夹角倾斜布置,也可以制成裤叉状两喷口从轴心线两边排出。

6. 减速器

涡轮轴发动机一般均带有体内减速器,其传动比多在 3.5～7 之间。但也有一些发动机,没有体内减速器而由动力涡轮直接带动输出轴运转,在较高速度下直接向直升机主减速器传递动力。

6.3.3　工作原理

从结构上看,涡轮轴发动机还具有进气道、压气机、燃烧室、尾喷管这些燃气发生器的基本结构,但其通常安装自由涡轮。空气流经进气道、压气机后压力提高,与喷入燃烧室的燃油雾化混合后燃烧,高温燃气膨胀后,向后冲击涡轮及自由涡轮,使其旋转。前面的普通涡轮带动压气机旋转,使发动机保持工作状态,后面的自由涡轮,燃气对其做功并通过传动轴、减速器等驱动直升机旋翼旋转,以此获得升力和气动控制力。自由涡轮不像其他涡轮那样要带动压气机,而是专门用于输出功率。

此外,涡轮流出的燃气通过尾喷管喷射出时,能产生部分推力,因为喷速不大,所以这一推力较小,如果换算成功率,约只相当于总功率 1/10。有的时候喷速太小,连推力都没有。为合理安排直升机结构,涡轮轴发动机喷口可朝上、朝下,也可朝两边,而不是像涡轮喷气发动机一样非向后不可。

虽然在涡轮轴发动机驱动压气机中燃气发生器涡轮和自由涡轮之间没有机械互联,但是在气动方面却存在着紧密关联。对于这两种涡轮而言,其气体热能分配须根据飞行条件变化进行适当调节,以获得发动机性能和直升机旋翼性能之间的最佳结合。

6.4　转子发动机

转子发动机的发明人为德国人菲加士·汪克尔,因此转子发动机也被称为汪克尔引擎,它属于无活塞回旋式四行程内燃机的一种。第一台转子发动机诞生于 1954 年,随着对其研究及自身发展,20 世纪 60 年代后期,业内人士曾以为,这款发动机紧凑轻便、运行安静流畅,可能将取代传统活塞式发动机。但是,随着活塞式发动机技术的成熟,其功率、质量、排放和能耗均较以往显著增加,因此活塞式发动机被大面积采用。加上各大企业对转子发动机技术的生疏,转子发动机没有显出明显的优势,日渐成为一种小众型的动力装置,无法进入大规模的商用市场,在直升机上的应用也处于非主流的地位。

6.4.1　结构

转子发动机由转子外壳、转子、侧边外壳、偏心轴和气封组成,如图 6-14 所示。其不具备一般发动机往复式活塞运动结构。

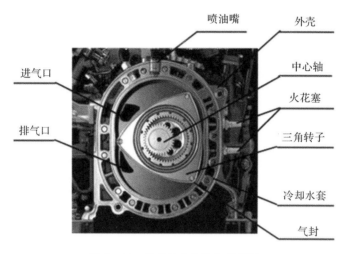

图 6-14　转子发动机结构示意图

6.4.2　工作原理

转子发动机的工作原理如图 6-15 所示。壳体的内部空间(或旋轮线室)总是被分成三个工作室。当转子运动时,三个工作室体积不断变化,摆线形缸体内先后完成吸气、压缩、做功及排气四个工序。各工序均在摆线形缸体内不同部位完成,与往复式发动机有显著差异。往复式发动机的四个工序均在缸中完成。

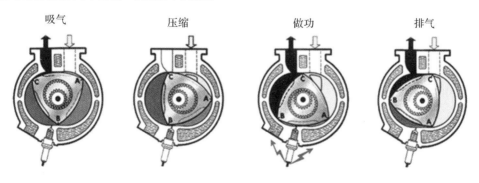

图 6-15　转子发动机工作原理

尽管在这两种发动机中,工作室容积都成波浪形稳定变化,但二者之间存在着明显的不同。首先是每个过程的转动角度:往复式发动机转动180°,而转子发动机转动270°,是往复式发动机的1.5倍。换句话说,在往复式发动机中,曲轴(输出轴)在四个工作过程中转两圈(720°);而在转子发动机中,偏心轴转三圈(1080°),转子转一圈。这样,转子发动机就能获得较长的过程时间,而且形成较小的扭矩波动,从而使运转平稳流畅。

另外,即使是高速运转时转子转速相当慢,但因此进气与排气时间都比较宽松,这对于能得到很高动力性能系统工作来说是很方便的。

一般发动机都属于往复运动式,其工作过程中活塞在缸内作往复直线运动,要将活塞直线运动变为旋转运动就必须采用曲柄滑块机构。而转子发动机就不一样了,它是把可燃气燃烧膨胀力直接转换成驱动扭矩。转子发动机比往复式发动机消除了毫无用处的直线运动,因此同功率转子发动机体积小、质量轻,振动、噪声也更小,更具优越性。

另外,三角转子中心围绕输出轴中心做公转时,三角转子自身也围绕中心进行自转。

三角转子旋转过程中,三角转子圆心处的内齿圈和输出轴圆心处的齿轮相啮合,齿轮与缸体固定连接而不会旋转,内齿圈和齿轮齿数比为3:2。以上运动关系使三角转子顶点运动轨迹(即汽缸壁形状)像一个"8"字。三角转子将汽缸划分为三个独立的空间,这三个空间分别依次完成进气、压缩、做功及排气等工作,三角转子旋转1周,发动机着火做3次功。由于上述运动关系,输出轴转速为转子自转速度的3倍,与往复运动型发动机活塞和曲轴为1:1运动关系截然不同。

6.4.3 优点和缺点

1. 优点

(1)体积小、运转稳定。结构的特性使转子发动机具有显著的体积优势,可节省发动机空间,因无须往复式大幅移动,围绕中心齿轮转动的模式使转子发动机工作顺畅,引起的振动小。转子发动机仅有两个转动部件,其结构比普通四冲程发动机有进气道和排气活门共20多个活动部件大为简化,失效概率大幅降低。

(2)高转速、转速提升快。由于转子发动机内齿圈和齿轮齿数比为3:2,输出轴速度是转子自转速度的3倍,所以转子发动机极易达到高转速,完全不同于一般往复运动型发动机活塞和曲轴之间1:1运动关系。

同时转子发动机无需精密曲轴平衡即可实现更高速度,其速度比往复式发动机升速快。

2. 缺点

(1)油耗高、不环保。由于转子发动机的压缩比和燃烧室形状特殊,以及工作过程中,部分油气混合物尚未燃烧到排气口,所以导致转子发动机总体热效率低、油耗大。而转子发动机起动和低转速时都会排放出大量碳氢化合物,不符合当今严格的排放法规。

(2)磨损严重、寿命短。三角转子引擎相邻容腔之间仅有一径向密封片,且密封片和缸体之间一直处于线接触状态,径向密封片和缸体的接触位置也一直处于改变状态,因此三个燃烧室是非完全孤立(封闭)的,径向密封片很快就会磨损。在转子发动机的运行过程中,因为转子发动机将机油直接喷入腔中以达到润滑的目的,所以也使转子发动机成为"烧油"的利器。

（3）密封性、可靠性差。出于磨损严重和热胀冷缩的原因，转子发动机经过一定时间的运行后，易因密封材料的磨损（类似活塞环）导致漏气问题的出现，大大增加了油耗和污染。因为转子发动机特殊的机械结构还导致了这种引擎比较难修理，所以懂修理的人自然很少。

另外，转子发动机在工作模式下，会造成进气侧和排气侧温度相差很大，在长期运行过程中，发动机缸体各处温度不断变化，极易造成缸体出现微小形变，进而影响发动机可靠工作。

（4）热量高、低扭差。转子发动机具有很高的转速，这也使它产生了很大的热量，特别是排气端的热量。同时，因为其在较低转速时燃烧不够完全和压缩比较低，所以低扭表现也不够理想。

第7章　飞行控制与导航系统

飞行控制与导航系统是无人直升机技术的主要研究内容,为实现无人直升机的自主稳定飞行,需要设计出高效可靠的飞行控制与导航系统。无人直升机是一个复杂的控制对象,因为其飞行模态多、飞行状态变化大、纵横向耦合严重以及稳定性差,并且各机型之间的特性差异显著,所以直升机建模和模态分析的难度较大。共轴无人直升机属于多变量、非线性、高耦合高阶系统,控制技术存在如下问题。

(1)对象特性分析。共轴无人直升机的纵向、横向和航向运动具有强耦合性。这些耦合性体现为旋翼转动引起偏航扭矩,横滚运动引起俯仰力矩,俯仰运动引起横滚力矩。共轴无人直升机的高度变化还会使航向发生改变,因此各通道耦合性的差异使得控制设计时应该充分考虑到各飞行状态的不同特性。

(2)飞行模态数量众多。共轴无人直升机具有多种飞行模态,且模态间又能相互结合,因此飞行控制系统在完成每个飞行模态功能的同时,必须确保每个模态在切换过程中仍能保证较好的飞行效果。而模态切换又会造成通道间的互相影响,因此直升机模态切换与结合的处理亦是关键问题。

(3)高阶非线性控制。共轴无人直升机作为一个高阶非线性系统,它的非线性不仅表现为模型的非线性,还表现为它的各执行结构。加之各通道之间存在耦合问题,单一通道非线性既影响该通道响应,也影响其他耦合通道响应。因此,在飞行控制系统设计中,需要克服由系统带来的非线性问题,对共轴无人直升机高阶环节给予足够重视,使无人机飞行品质得到进一步提升。

共轴无人直升机具有非线性强、复杂度高的特点,对控制算法提出了更高的要求,因此具有稳定性好、可靠性高、运算速度快、响应时间短的飞行控制与导航系统逐渐成为了研究热点之一。

7.1　无人直升机飞行控制系统

7.1.1　飞行控制原理

无人直升机与固定翼无人机的机身结构存在很大的差异,这也就决定了它们的升力产生机理以及控制方法存在较大的差异。固定翼无人机通过机身两侧具有特殊翼型的机翼提供升力,并操纵不同的舵面来实现对飞机航向和飞行姿态的控制;而无人直升机的升力来源于高速旋转的主旋翼,并通过调整旋翼的倾斜角度来实现飞行方向和姿态的控制。

在进一步介绍直升机的飞行控制原理之前,需要对无人直升机旋翼工作原理进行阐述。无人直升机的旋翼也具有一定的翼型,在旋翼运行过程中,就和固定翼的机翼一样产生升力。翼型弦线与桨毂旋转平面的夹角叫安装角,亦称桨距,各桨距均值叫总距。改变旋翼总距大小就可以使无人直升机的飞行状态发生变化,旋翼总距调整范围通常为 $2°\sim14°$。虽然无人直升机的飞行控制分为很多种类型,但总而言之还是通过对旋翼的控制来实现的。因为是通过主旋翼产生的升力,所以只需要将主旋翼向某个方向倾斜,就可以使升力在倾斜方向产生一个分量,该方向的升力分量使无人直升机的飞行方向发生改变。若想要获得更大的升力,一味地增加主旋翼的转速是不可行的,这极有可能对发动机造成不利影响。因此常常通过同时控制主旋翼的转速和旋翼总距来实现对升力大小的控制:在发动机转速达到最高效率的时候,改变总距来调节升力大小。

常规的有人单旋翼带尾桨直升机的操作系统主要由方向舵踏板、周期变距杆和总距杆三部分组成。方向舵踏板可以对尾旋翼的输出功率和桨叶的倾角进行调节,从而控制直升机的机头朝向。周期变距杆可在主旋翼下方控制自动倾斜器不动环,以调节整个主旋翼的旋转倾角,从而达到控制飞行方向的目的。总距杆可对主旋翼下的自动倾斜器的动环进行控制,从而调整主旋翼的桨叶倾角以实现对动力大小的控制。

对于共轴双旋翼无人直升机,因为其结构的特殊性,导致气动特点也与常规无人直升机存在一定差别,飞行控制原理也具有不同之处。首先在结构上,共轴双旋翼无人直升机通常拥有上、下两副旋翼和无尾旋翼,因此共轴双旋翼无人直升机的结构是对称的。另外因为没有尾旋翼,所以共轴双旋翼无人直升机的机身较短,重力与载荷都处于无人直升机的重心部分。共轴双旋翼无人直升机是利用两副旋向相反的旋翼来提供升力的,这样当升力不变时,其体积就略小于常规无人直升机。

在气动方面,上、下旋翼的工作状态为共轴反向旋转,因此会产生一对反作用力矩,从而不需要尾旋翼也可保持平衡,节省了平衡反扭矩所带来的尾桨消耗,具有更高的悬停效率。但是,正因为上、下双旋翼的存在,共轴双旋翼无人直升机的空气动力学更加复杂,主要表现在上、下旋翼气动干扰,上旋翼影响下旋翼下洗,下旋翼影响上旋翼流态等方面均使共轴双旋翼无人直升机气动分析更加复杂。

具体表现为当上、下旋翼反扭矩分配变化时,上、下旋翼垂直升力会随之变化。当航向发生变化时,共轴双旋翼无人直升机的上升和下降都会跟着发生变化。悬停和小速度状态下上旋翼下洗与常规单旋翼类似,但因上旋翼对下旋翼有下洗作用,下旋翼的下洗速度要快于常规单旋翼。

由于共轴双旋翼无人直升机不带尾旋翼,反扭矩直接由上、下双旋翼来平衡,所以共轴双旋翼无人直升机在滚转、俯仰及升降运动方面基本相同,在操纵上最大的区别是航向和高度控制不同。共轴式直升机的航向控制由上、下旋翼扭矩变化来完成,主要采用的方法有以下两种。

1. 全差动方式

共轴双旋翼无人直升机采用全差动航向操纵方案,即在航向操纵过程中,大小相等、方向相反地改变上、下旋翼总距,使直升机合扭矩失衡,机体对航向操纵力矩较大。因为操纵过程中上、下旋翼总距始终是一增一减,所以航向操纵和总升力变化耦合很小,也就是用来补偿因差动操纵而产生升力变化需要的总距也很小。很明显,这种方案能减轻驾驶员的操纵负担。苏联卡莫夫设计局研制的"卡莫夫"系列共轴双旋翼无人直升机,都曾采用过这种方案。

操纵机构在上旋翼轴和下旋翼轴上分别设置有能够上、下运动的套筒,套筒与旋翼轴同步进行旋转并能够沿着旋翼轴相对上、下运动。上、下旋翼套筒靠近上、下旋翼桨毂,套筒与上、下旋翼的变距摇臂相连,变距摇臂与不同距离的旋翼变距拉杆、自动倾斜器的外环支杆相铰接构成杠杆摇臂并由上、下运动套筒完成变距运动。两个套筒内安装有变距装置,变距装置连接有位于主减速器底端的总距手柄及航向手柄,总距手柄带动变距装置沿竖直方向移动,从而实现上旋翼及下旋翼的总距同时增大或减小,以实现直升机升力变化。航向手柄由正、反旋转变距装置完成上旋翼和下旋翼总距的一增一减动作,继而完成航向操纵。

操纵拉杆装置位于轴的内部,使整个外部操纵机构变得简单清洁,上自动倾斜器和下自动倾斜器均不沿轴向移动。该结构方案更适用于大型直升机,由于轴系内径较大,所以会给加装操纵装置带来更大的余地。对轻小型直升机来说,因其体积所限,使用此种方案将有一定难度。

2. 半差动方式

半差动方式改变了下旋翼桨叶角,从而改变了上、下旋翼功率分配使之相等或不等,以实现直升机航向控制。目前我国研制的共轴双旋翼无人直升机主要以半差动方式进行航向操纵,总距、航向舵机与主减速器壳体固连在一起,纵横向舵机与总距套筒固连在一起并随总距套筒一起上、下移动。舵机输出量经拉杆摇臂,上、下倾斜器及过渡摇臂变距拉杆传至旋翼,从而转过对应桨距角以达到操纵目的。

上、下桨叶分别穿过桨毂固定在内、外转轴上。外轴套有总距套筒并套装有航向操纵滑环、滑套式转盘及下倾斜器内环,三者可沿轴向上或向下相对运动而不旋转。上倾斜器的内环和内轴以滑键连接,既能沿轴向上或向下相对移动,又能随着内轴旋转。上倾斜器和下倾斜器的外环由扭力臂和上、下桨叶同时旋转,由一根等长撑杆连接在一起,达到上、下桨距角同时偏转一致的目的。所述上倾斜器和所述上旋翼之间的摇臂支座与所述内轴直接夹固并随着所述内轴一起旋转。并且下倾斜器和下旋翼之间的摇臂支座套入轴套内,在半差动的航向操纵下能够上、下滑动且其外圈随下旋翼旋转。

半差动航向操纵的过程是:航向舵机输出由航向杠杆驱动,航向操纵滑环在总距套筒内上、下滑移,滑环通过两撑杆驱动过渡摇臂支座。与支座铰接的过渡摇臂,借助于两组推拉杆与下倾斜器、下桨叶变距摇臂相连,使下部桨叶迎角发生改变,从而使下部旋翼气动力作用在机体上,引起反扭矩发生变化,该值即航向操纵力矩,然后依据此力矩大小及符号确定航向速率及转弯方向,以实现航向操纵。

上述半差动航向操纵方案中,总距操纵由上、下运动自动倾斜器完成,也就是说,总距操纵除克服上、下旋翼铰链力矩之外,还需克服上、下倾斜器,上、下倾斜器杆及有关套筒与部件的重力。因此,这种半差动操纵系统机构更适合小型共轴双旋翼无人直升机的操纵,这是因为对小型直升机而言,旋翼的轴径要小一些。各种操纵线系仅能从轴外侧行走,上旋翼和下旋翼自动倾斜器及有关部件的重力都比较小,使用这种方案比较容易实现。对卡-50等大尺寸共轴式直升机来说,要想操纵它与上旋翼和下旋翼相连的传动系统(桨毂)以及比人类更高的操纵机构上、下、左、右运动是很难想像的。半差动方案仅使下旋翼总距发生变化，导致垂向运动存在很大耦合。但是，用总距补偿的方法是完全能够解决这一问题的。

除了上述两种主流的航向控制方法，还有桨尖制动、磁粉制动等制动方式。桨尖制动方式是将阻力板布置于桨尖处，通过改变阻力板迎风面阻力面积，继而改变旋翼所受扭矩来实现直升机航向操纵与平稳。磁粉制动方式是通过传动系统内磁粉离合器分配上、下旋翼轴扭矩。

由无人直升机飞行原理可知，无人直升机飞行控制主要靠周期变距使旋翼桨盘锥体发生变化，进而使旋翼总升力矢量发生变化，因为旋翼气动输入（即周期变距）和旋翼最大响应（即挥舞）的方位角差 90°，旋翼绕静止气流转动，就纵向周期变距而言，上旋翼绕 90° 前进桨叶获得纵向周期变距，这时上旋翼呈逆时针方向转动，对于上旋翼而言会获得 180° 纵向周期变距。

而对于下旋翼来说，在上旋翼前进桨叶方位角处，下旋翼桨叶为后行，这时下旋翼呈顺时针方向转动，且其桨叶前缘朝向刚好和上旋翼方向相反，对于上旋翼最大速度，下旋翼刚好为最小速度，下旋翼会实现 0° 最小挥舞响应，并且下旋翼前进桨叶（上旋翼后行桨叶）此时则实现了最大投入，180° 时实现了最大挥动。因此上、下旋翼纵向周期变距操纵时挥舞平面几乎平行。类似地，当给定横向周期变距操纵时，上、下旋翼方位角分别为 0°、180° 时给上、下旋翼都给定了相同的操纵性输入，但是由于两个旋翼转向方向相反且翼剖面前、后边缘方向相反，所以，其中一个为最大输入量，另一个为最小输入量，且两个旋翼最大响应与最小响应之差为 180°，其挥舞平面平行。

因此共轴双旋翼无人直升机上旋翼和下旋翼自动倾斜器由多个拉杆构成一个连杆机构，使上旋翼自动倾斜器和下旋翼一直保持平行。

该共轴双旋翼无人直升机的纵横向操纵方式为：操纵下旋翼自动倾斜器不动环，然后利用拉杆机构对上旋翼自动倾斜器进行变换，实现上、下旋翼锥体平行移动。

应当指出，上述情况属于静止气流中的物理现象，是操纵的输入与响应。但当相对来流存在时，由来流引起的上、下旋翼挥舞所形成的锥体具有其特点。

假定共轴双旋翼存在来流时发生转动，此时不存在周期变距操纵问题，由共轴双旋翼无人直升机空气动力学可以看出，当升力、离心力与桨叶重力达到平衡时，旋转的旋翼构成倒锥体。此时前方来流速度矢量和旋翼锥体成一角度。将该速度矢量分解成垂直于桨叶的分量和沿桨叶径向的分量。垂直于桨叶的分量等于向旋翼输入气动，这时对于上旋翼和下旋翼锥体在这个方位即 180° 位置上全部输入气动力，使得上旋翼向上挥动（来流从机头吹来），由于两旋翼的转向相反得到挥舞的最大响应均沿各旋翼转向转动 90°，所以引起两旋翼的最大挥舞处相差 180°。上、下旋翼得到负的气动输入（在 0°处），两旋翼的下挥响应也相差 180°，这时锥体便形成了一副旋翼为右高左低，而另一副旋翼为左高右低，即在来流的两侧，一侧两旋翼挨得较近，另一侧两旋翼离得较远。这种情况不是由于操纵引起的，操纵也改变不了共轴双旋翼在有来流情况下固有的挥舞特性。该现象由旋翼锥度角造成，锥度角增大，来流速度增加，两旋翼不平行程度加剧。这样的挥动叫作吹风挥动。关于前、后、左、右挥舞问题，如上文分析，为前进桨叶与后行桨叶转速改变之气动输入所致，因为两个旋翼前进桨叶之差为 180°，所以各自气动正输入之差亦为 180°，结果当有来流时，上、下旋翼皆为前高,旋翼锥体皆为后倾。

上述分析表明:共轴双旋翼无人直升机的纵横向操纵系统采用上、下自动倾斜器并联操纵,航向操纵系统采用上、下旋翼实现总距变化。

7.1.2 操纵耦合特性

稳定是控制系统最重要的性能之一,是一个系统能正常工作的首要前提。无人直升机实质上是一个非稳定被控对象,因此在飞行控制系统中,最重要的任务是提高无人直升机的阻尼特性,将非稳定、非受控对象转变为稳定受控操纵对象。由控制理论可知,利用测速反馈闭环控制方法能有效地增大被控对象的阻尼特性及操纵品质,从而提高控制稳定性。为此引入无人直升机角速率负反馈形成增稳回路,以提高角运动阻尼并改善系统稳定性。

耦合特性是无人直升机的固有特性,因为无人直升机结构与气动上的特点,所以无人直升机通道之间不可避免地存在着耦合效应,如纵向周期变距、横向周期变距以及总距等均通过舵机对自动倾斜器进行直接操纵而实现,3个控制变量不可避免地相互影响。引起无人直升机发生耦合的最重要原因就是旋翼气动力间的耦合问题,它们会在耦合过程中形成交叉导数。

无人直升机耦合主要表现在两个方面:一是由于系统矩阵 A 的存在,某个状态量发生变化将引起其他状态量发生变化,这就是各个状态量间的耦合问题,叫作状态耦合问题;二是由于控制矩阵 B 的存在,这就是某个控制输入,如纵向周期变距,不但使它相应的状态量发生变化,而且会影响到其他状态量,从而变成操纵耦合问题。状态耦合表现为系统输入响应特性为零。

文献[2]中基于某直升机数学模型对操纵耦合特性进行了仿真研究。零状态响应是指全部状态量初值等于零,检验系统对于控制输入动态响应情况,由此可见直升机操纵耦合情况。就操纵耦合而言,无论前飞速度多大,俯仰通道和滚转通道之间的耦合都比较严重,高度通道和偏航通道之间的耦合也比较严重。总距操纵以改变垂向速度为主,导致偏航角速率强烈耦合;横向周期变距操纵以改变滚转角速率为主,引起俯仰角速率高度耦合;纵向周期变距操纵以使俯仰角速率强烈耦合为主,引起滚转角速率强烈耦合;尾桨距操纵以改变偏航角速率为主,引起横滚角速率强烈耦合;垂直速度亦存在耦合效应。对于操纵耦合而言,其耦合程度仍然具有因速度不同而不同的特性。

7.1.3 解耦设计方法

由上述分析可以发现,共轴双旋翼无人直升机属于多变量耦合系统。对于这类复杂强耦合系统有许多解耦控制方法。

1. 奇异摄动解耦法

由于无人直升机是一个耦合较为严重且自身具有不稳定性的多变量控制系统,所以很难设计出快速性和解耦性均较为理想的飞控系统。奇异摄动解耦法可把系统分解成快变和慢变两类子系统并对它们实现解耦,接着对系统进行控制器设计,使得系统输入输出动态特性仅与快变子系统相关,快变子系统具有期望的性质,从而能够实现高性能跟踪系统设计。

若不考虑飞机执行机构的影响,可利用奇异摄动解耦法直接对直升机的模型进行控制系统设计(采用比例加积分控制律),并在具体仿真中加入上述环节进行仿真,因为无人直升机的执行机构较为特殊,所以无法得到较为理想的结果。如果使用比例＋积分微分控制律来克服上述影响,然后考虑到使用计算机控制所带来的时延影响并增加时延补偿来设计控制律,最后为了使得控制效果更好、更理想,设计了积分分离 PID(即设计内回路)来达到俯仰、横滚、偏航和总距四个通道解耦的目的。

2. 特征结构配置法

特征结构配置法的研究开始于 20 世纪 60 年代,属于多变量系统设计方法之一,重点研究闭环系统内部结构、闭环特征值位置、闭环特征向量走向等。

特征结构配置不仅对闭环系统极点进行分配,还对其重数进行分配,同时对闭环特征向量进行分配,从而能够更精确地把握系统性能。特征结构配置不仅具有本身意义,而且在系统设计上提供所有自由度,可用作线性系统设计基本参数优化方法。在实践中,适当地选取设计参数,可达到对系统某一期望的设计要求。

系统的特征结构主要包括以下 4 个与系统矩阵有关的内容:系统特征值、系统特征值重数、系统矩阵特征向量、广义特征向量。

因此,某线性系统在某一控制律形式下的特征结构分配问题,也就是决定全部这类控制律使闭环系统有期望特征值与重数,而决定闭环系统相应特征向量与广义特征向量之间。由线性系统运动分析理论可知:线性定常系统响应既和系统特征值相关又和特征向量相关。因此,线性系统特征结构组态设计比极点组态设计更能抓住系统特征。

3. 不变性动态解耦方法

通过耦合性分析可知,无人直升机的俯仰、滚转通道耦合比较严重,航向和高度通道有一定的耦合。因此可将悬停状态下的系统分解为两个独立子系统:一个由俯仰和滚转通道构成,另外一个由航向和高度通道构成,两个子系统之间的耦合可以忽略不计,可通过对两个子系统进行解耦控制来解决耦合问题。对动态解耦系统的设计,可将无人直升机多输入-多输出耦合系统转变为相对独立的单输入单输出系统,然后分别对各个通道单独设计控制律,最终达到无人直升机稳定控制的目的。这种方法最大的优势在于所需环节较少,模型阶次可以通过拟合来尽量减小,适用性较强,工程中容易实现。

7.1.4 飞行控制系统构成与控制律

共轴双旋翼无人直升机飞控系统由飞控计算机、传感器系统、伺服作动系统、电源适配系统和地面测控系统组成。

1. 飞控计算机

飞行控制计算机在整个飞行控制系统中处于核心地位,承担着系统数据采集、控制律计算、飞行控制及任务管理的主要工作。为了实现飞行控制系统的复杂控制与管理功能,直升机工程实践使用了基于数字计算机的具有较好扩充性的飞行控制计算机分系统,并提供了较强的数据处理能力。

2. 传感器系统

实现无人直升机飞行控制的首要问题是如何准确测量直升机各种飞行状态参数并完整

描述其运动状态和空间位置。

对象无人直升机的传感器系统使用 NV-GI100A 的 GPS/INS 组合导航系统提供直升机的姿态角、姿态角速率、三维速度、加速度和位置的数据。系统通过紧密耦合技术将惯性导航与 GPS 原始测量数据进行融合,并利用 GPS 给出的高精度数据对 INS 导航误差进行校正,以获取高精度位置、速度及姿态信息。

3. 伺服作动系统

伺服作动系统在飞行控制系统中起着执行机构的作用,它的主要作用就是按照飞行控制计算机发出的命令,按照规定的静、动要求来带动旋翼以达到控制直升机飞行的目的,因此伺服作动系统的工作性能直接关系到整个飞行控制系统工作的好坏。电动舵机作为飞行控制系统中应用最广泛的伺服作动系统之一,通常设计为位置随动系统并以线位移或角位移的形式输出。依据飞行控制计算机发出的命令输出对应舵机驱动电压,以获得与电压成正比的直线位移或转角位移来直接驱动自动倾斜器偏转,以改变旋翼桨距角,从而实现对无人直升机的飞行控制。

4. 电源适配系统

电源适配系统承担着为飞行控制系统机载设备提供电源的主要任务,它是飞行控制系统能够正常运行的一个重要保证。无人直升机多装有发电机,主电源靠发电机供给,但是它所输出的交流电不但纹波和噪声较大,且电压也不够稳定,在飞行控制系统中必须进行滤波和稳压处理。飞行控制系统对于电源的要求比较苛刻,不仅要具有很高的质量,还要能够达到抗电磁干扰和确保电磁兼容性等要求。为了确保飞行控制系统能够长期稳定地运行,电源适配系统要具备过载保护、抗瞬间掉电等功能。同时,为了使整个系统的可靠性更高,飞机上需要安装应急蓄电池作为应急供电。

5. 地面测控系统

地面测控系统主要用于飞行控制系统和地面人员之间通过无线通信链路电台交换信息,以实现对无人直升机的有效监控,并形成人机交互界面。

其工作过程如下:传感器向飞控计算机输入所测得的共轴双旋翼无人直升机状态信息,飞控计算机与来自地面终端的指令信息相结合进行综合判断与运算,再将运算处理结果产生伺服机构可接受的指令信息,运行有关舵面以改变其飞行状态,从而实现共轴双旋翼无人直升机按预定姿态与轨迹飞行。

以传感器测得的共轴双旋翼无人直升机状态量作为飞控系统的输入量,以飞控计算机向伺服机构发出的命令作为输出量,输入量与输出量的关系作为飞控系统控制律。控制律在飞控系统中居于核心地位,事关无人直升机飞行动态性和稳定性。

共轴双旋翼无人直升机飞控系统在结构上采用双闭环控制方式,其中内环采用姿态控制环,外环采用位置控制环,高度与航向控制则采用独立环。设定任务上传至飞控系统后,飞控系统根据速度指令生成与之相匹配的姿态角命令,该控制结构具有能准确地控制飞控系统姿态和增加飞控系统稳定性等特点,其缺点在于速度控制精度有所下降,但是完全可以满足共轴双旋翼无人直升机飞控系统初级阶段的设计需求。

内回路设计采用姿态控制回路形式,有纵向姿态控制与横向姿态控制两种方式,姿态控制回路可根据飞控姿态命令对共轴双旋翼无人直升机的飞行状态进行调节。姿态控制对飞控系统起着至关重要的作用,姿态控制回路的设计直接影响着位置回路的控制质量,当共轴双旋翼无人直升机无法实现平稳姿态控制时,位置控制回路将产生很大的位移偏差以调节姿态。由于共轴双旋翼无人直升机具有开环不稳定性,所以首先要进行姿态增稳,即首先设计增稳控制回路以达到增稳目的,然后增加积分项才能准确地进行姿态控制。

外回路设计采用位置控制回路来控制共轴双旋翼无人直升机改变航速及运动轨迹。通常设计由位置回路发送控制指令,输入飞控系统处理操作后产生内回路控制指令,并在位置控制中将位移偏差产生伺服舵机运行命令,在姿态内回路中作为增稳控制发挥良好的增稳与阻尼作用。该设计的优点在于允许姿态角控制精度下降,在遭遇阵风的情况下通过位置偏差来直接控制执行机构快速修正位置偏差,从而提高工作效率及飞行器抗风性。

当前可用来设计无人直升机飞控系统的方法有很多,大致可以分为经典控制方法与现代控制方法两大类。

1. 经典控制方法

在飞控系统设计中运用最为广泛、理论上最为成熟的就是比例-积分-微分(PID)控制,该系统具有构造简单、易于实现、适应性好、鲁棒性好等优点,也就是被控对象变化对于控制品质的影响性较小。根据共轴双旋翼无人直升机的自身特点,线性化处理其非线性数学模型,并选择适当方法,通过 PID 参数整定来改变共轴式无人机的参数,可设计性能优良的飞控系统。

但是这种方法也存在着不足,每次只对一个回路设计,则多回路系统需多次设计才能得到总体最优控制参数。

2. 现代控制方法

无人直升机是一个典型的非线性、强耦合、多输入/输出(MIMO)的复杂系统,适合选用状态空间的方法进行描述,而现代控制技术设计就是基于状态方程的,系统的状态方程可以很好地表达系统的内部特性。

(1)最优二次型(LQ)方法。假定当所研究线性系统的性能指标是状态变量与控制变量之二次型函数时,这类动态系统之优化,即线性二次型问题。实际飞行控制系统通常采用输出反馈设计方法设计控制律,由于很难测得所有状态量作为状态反馈使用,所以实现输出状态测量比较容易。

(2)鲁棒控制方法。鲁棒 H_∞ 控制技术可以直接应对具有模型不确定和外部干扰等多变量系统,因此被更多地应用到了无人直升机飞控系统的设计中。选用鲁棒 H_∞ 控制技术的飞控系统,在其所给平衡位置附近具有很高的控制稳定性,在远离平衡位置后,控制稳定性急剧下降。为获得更好的飞行控制品质,采用增益调度 H_∞ 控制方法,可以扩展其平衡位置范围的控制品质。

(3)神经网络方法。人工神经网络具有自学习和自适应的能力,能解析早期存储相对应的输入与输出数据之间的变化规律,从而对新输入数据对应的输出结果进行预测,具有很好的非线性逼近作用。基于该设计方法实现了无人直升机对超机动的良好操控,并且当遭遇舵面故障时能快速重构控制律,使得飞机仍具备可操控性。但该方法存在着一些无法克服的弊端,例如最为严重的是它本身无法说明推导依据与过程,将全部问题的性质转化为数字,将全部推导转化为数值计算,结果势必导致信息丢失等。

此处介绍一种采用串级 PID 进行共轴无人直升机飞控系统的初步设计原理。

PID 控制算法根据误差的比例、积分、微分来控制,这三个参数可单独整定或随意组合整定,因操纵旋翼使无人直升机合外力及力矩发生变化存在滞后性,对这类滞后特性系统采用 PID 控制为最佳常规控制策略。PID 控制(见图 7-1)的各个环节的功能如下。

(1)比例环节(P):比例系数 K_p 对 PID 控制器受控对象稳定性、响应速度以及超调量的动态特性都有影响。系统响应速度随 K_p 的增加而提高,但系统稳定性也相应下降,因此 K_p 值的选择要同时考虑系统动态性与稳定性。

(2)积分环节(I):积分项 K_i 可使系统稳态精度发生变化。增加积分项可降低系统稳态误差和提高无差度。积分时间常数确定积分效果,积分时间常数越大,积分效果越弱,但积分效果过强会导致系统超调。

(3)微分环节(D):微分项 K_d 可体现偏差信号趋势,为系统添加有效前期校正信号以避免偏差信号过大,等于为系统添加了动态阻尼,进而提高了响应速度并缩短超调时间。

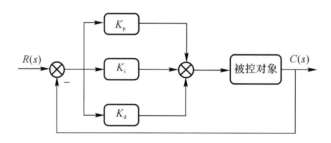

图 7-1　PID 控制结构图

采用串级 PID 设计的共轴双旋翼无人直升机飞控系统包含以下内容。

(1)纵向增稳控制律(见图 7-2):"增稳系统"作为无人直升机的第一层控制,具有周期短、频率高等特点,用现代控制方法来设计控制律虽能改善控制品质,但是必然会增加飞控算法的运算量,可能会造成运算周期增加和系统发散等问题,继而使得外回路控制难以实现,由于外回路计算以内回路计算结果为依据,所以可用经典控制方法来设计增稳控制律,通过对线性化无人直升机数学模型解耦,并抽取纵向线性化模型来设计增稳系统,从而在满足精度要求的前提下,简化系统设计。

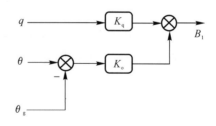

图 7-2　纵向增稳控制律结构图

利用角速率＋姿态角信号的方式对纵向增稳进行控制。所介绍的俯仰角速度信号反馈可以抑制扰动初期俯仰角的迅速摆动并对俯仰角起阻尼作用。当俯仰角偏离预设俯仰角时,通过增稳控制律输出俯仰角反馈信号,生成阻尼力矩阻碍俯仰角移动,可及时修正俯仰角偏差。

(2)纵向姿态控制律(见图 7-3):经纵向增稳控制律的设计,共轴双旋翼无人直升机系统由开环不稳定变为短时间内开环稳定,继而能够实现共轴双旋翼无人直升机的纵向姿态精确控制,即俯仰姿态角控制。将积分项加入纵向增稳控制中,就构成了共轴双旋翼无人直升机纵向姿态控制。

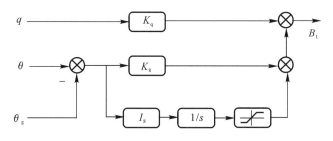

图 7-3　纵向姿态控制律结构图

(3)横向增稳控制律(见图 7-4):横向增稳控制同样是采用角速率加姿态角信号增稳。共轴双旋翼无人直升机的横向变化通过横向周期变距来控制,侧倾角与侧倾角速度构成反馈信号。

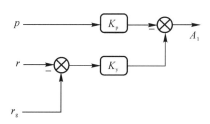

图 7-4　横向增稳控制律结构图

(4)横向姿态控制律(见图 7-5):横向姿态控制和纵向姿态控制在结构上类似,其就是在横向增稳控制中增加积分项以降低系统稳态误差和提高横向姿态控制(即侧倾姿态角精确度)。

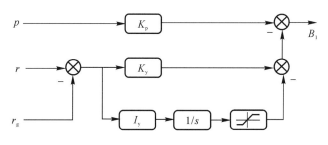

图 7-5　横向姿态控制律结构图

(5)航向姿态控制律(见图7-6):航向控制拟采用PID控制结构,即3个参数联合对航向控制进行调节。飞控系统根据存储的旋翼扭矩特性和当前的总距量计算所需的差动变距量。增加积分项可以改善偏航控制精度,降低旋翼扭矩未知性对偏航控制造成的影响。加入偏航角速度反馈,可以对偏航控制起到很好的阻尼作用。但在直升机总距快速变化的情况下,仅依靠航向偏差反馈控制难以快速及时地校正航向,为此可引入前馈补偿并在前馈补偿中加入适当增益来补偿总距的变化信号,从而显著改善航向控制质量。前馈控制根据扰动作用的大小进行控制,因该扰动可以预见,一旦发生扰动,操纵变量就会按照测量到的扰动量大小直接进行控制,并及时、有效地补偿扰动给被控变量带来的冲击,从而起到了控制及时、减小被控变量偏差值乃至消除被控量偏差值的作用;此外前馈控制为开环控制,加前馈控制不影响原控制系统的稳定性。

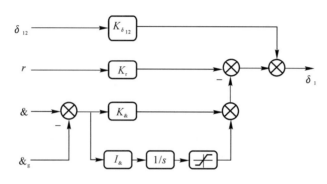

图7-6 航向姿态控制律结构图

(6)高度控制律(见图7-7):共轴双旋翼无人直升机的总距操纵可同时操纵双旋翼迎角,继而改变共轴双旋翼无人直升机升力的大小,以及控制其高度的变化。增加总距使桨叶升力大于无人直升机重力,则无人直升机加速上升;相反地,减小总距使桨叶升力小于无人直升机重力,无人直升机就会加速下降;而当调整总距,使桨叶的升力与无人直升机的重力相等时,无人直升机可能会匀速上升/下降,也可能会悬停(高度保持)。由于共轴双旋翼无人直升机航向的控制仅改变一副旋翼桨距而使其升力发生变化,这会引起自身的升降起伏。总距控制通道是以高度和垂向速度作为反馈信号,进行PID控制的,其中高度P控制主要是提高系统受干扰后的稳定性与和响应速度,垂向速度D控制主要是增加高度通道的阻尼。

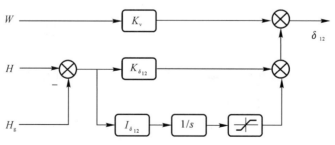

图7-7 高度控制律结构图

（7）纵向位置控制律（见图 7-8）：对纵向位置进行控制，在俯仰姿态控制的基础上，把计算位置偏差转化为舵面控制。从控制律形式上可以看出俯仰姿态控制是一种增稳控制（利用 PD 控制），它适当降低姿态响应速度，有效减缓机体因振动、操纵等因素所造成的姿态波动，提高系统鲁棒性。位置回路不会产生姿态指令，而是直接向舵面输出姿态（采用 PID 控制）。

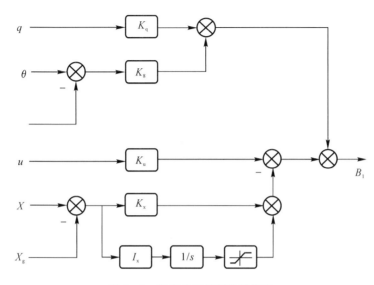

图 7-8　纵向位置控制律结构图

（8）横向位置控制律（见图 7-9）：横向位置控制律与纵向位置控制律类似，姿态控制回路具有增稳和阻尼功能，横向位置偏差被直接转换到控制舵面上，从而提高位置控制执行效率并在遭遇阵风干扰时会快速修正航迹偏差。

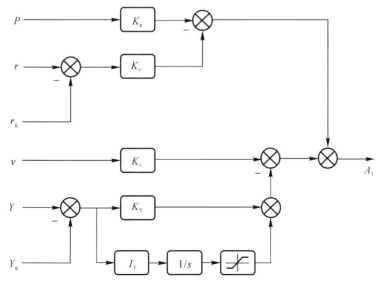

图 7-9　横向位置控制律结构图

第 7 章　飞行控制与导航系统

7.2　导　航　系　统

7.2.1　导航概述与一般结构

无人直升机应用领域的拓展,要求无人直升机在较为复杂和多变的情况下执行难度系数较大的工作,这些工作一般不能靠人为遥控操作实现,因此对小型无人直升机自主定位、导航的要求越来越高。

无人直升机自主导航及飞行控制系统(即飞控系统)的准确性及整体性能对无人直升机执行任务有着极为重要的影响。无人直升机自主导航及飞行控制研究,其主要关键技术是无人直升机内部各种状态参数量测方法。

无人直升机完成相应自主导航,其先决条件就是必须了解其自身状态信息,定位旨在提供无人直升机当前的姿态、速度和方位,并在此基础上对无人直升机飞行控制和任务执行等提供可靠准确的定位信息,即若缺乏上述相关导航定位,则无人直升机将无法实现自动驾驶的有关功能。

为解决空旷的户外环境下无人直升机定位导航难题,常见的无人直升机导航方式除配备惯性导航系统、全球导航卫星系统(Global Navigation Satellite System,GNSS)、无线电导航、气压计导航、地磁导航等,还利用图像导航系统和激光雷达等各种导航传感器进行辅助导航。这为无人直升机自主导航提供了一种方案,当前普遍使用多信息组合导航,一般结合实际情况及需要选择惯性导航系统、全球卫星定位导航系统(GPS/北斗等)、多普勒导航系统、磁力计、激光雷达、大气数据系统、图像导航系统等进行优化组合,以满足无人直升机的安全飞行。

7.2.2　导航分类

传统的无人直升机导航技术主要有无线电导航、地磁匹配导航、全球导航卫星系统、惯性导航系统,同时随着计算机技术的发展,视觉导航以及激光雷达导航也逐步应用于无人直升机导航系统中。

无线电导航就是运用有关无线电技术指引运动目标按设定航线行驶,并最终达到目的地。无线电导航系统由无线电导航台、无线电收发机和处理单元组成。无线电导航主要通过确定运动载体和导航台的夹角、远近和距离差等参数实现导航。以无线电为传输介质进行导航主要是由于无线电有以下特性:

(1)无线电以直线传播方式存在于均匀媒介中;

(2)均匀介质无线电传播速度恒定;

(3)无线电的反射特性。

无线电导航受外界影响比较小,其测量精度和可靠性都能得到保障。无线电导航历经了三大发展阶段,即第二次世界大战前早期阶段、第二次世界大战至20世纪60年代发展阶段和20世纪60年代至今成熟阶段。初期无线电导航多用于测向而未实现定位功能;发展时期无线电导航的覆盖范围越来越大,可实现特定定位且可靠性及自动化程度也随之提高;

成熟时期无线电导航的覆盖范围已达世界范围,自动化程度较高,定位更加准确可靠。

机载无线电导航组件有自动定向机(ADF)、仪表着陆系统(ILS)、甚高频全向信标(VOR)、测距仪(DME)、无线电高度表(RA)、全球定位系统(Global Positioning System,GPS)。其中 ADF、ILS、VOR 在较新机型上集成为 NAV,一个 NAV 实现了上述三个部件的功能。

地磁匹配导航就是将事先设计的部分区域地磁特征匹配量保存到计算机内形成地磁基准图(简称基准图),无人直升机通过这一区域后,由无人直升机本身搭载的磁感应器测得一系列地磁参数(简称地磁参数),并将这些地磁参数组成地磁测量实时图(简称实时图),最后通过对实时图和基准图的相关分析和计算获得载体实时位置信息。地磁导航有不受地形起伏和地理位置等外在因素的制约,能够在全球范围内,全天候地进行实时导航等优势。伴随着科技的发展,地磁学的研究也进入活跃时期,地磁导航定位对现代生活具有决定性的影响。世界各国对地磁导航技术的研究已趋于成熟,其国防军事上的应用已引起了世界瞩目。

要实现准确的地磁匹配导航就必须研究解决好建立地磁数据库、实时采集地磁场数据以及地磁匹配导航算法这 3 个地磁导航中的关键技术。

在地磁匹配导航中,首先要建立一个精度较高的地磁场数据库,为匹配提供依据。数据库的建立有两种实现方式:①地磁点位测量、侧线测量;②建立地磁场模型。由于处于地表附近的磁场较为异常并具有长周期与短周期的变化特征,同时地磁台站有限且运行维护费用昂贵,所以从长期发展考虑,需要建立精度更高的地磁场模型。

而磁场测量技术需要快速而精确地获得地磁场强度和方向等元素信息,是实现地磁场强度导航的先决条件。由于地磁场信息极弱,而且随着空间位置的改变而改变的量也极小,所以,它不但不便于测量,而且极易受外界的干扰,毫无疑问,这些对地磁传感器在精度、分辨率等方面都提出了颇为严格的要求。

此外,载体自身的磁场干扰也是一个很关键的问题。载体自身钢结构在地磁场作用下会被磁化,在移动过程中,自身导体材料的磁通变化会产生涡流磁场,以及载体所载电子设备会产生干扰磁场等,虽然很弱,但是给地磁场测量带来的影响却不容忽视。因此,在磁传感器的设计和制作过程中,不仅需要考虑灵敏度问题,还要消除干扰磁场对磁测设备的影响。

GNSS 是一种很常见的无人机导航方式,它以全天工作、定位范围广(涵盖全球绝大多数地区)、定位结果准确度高等为特点,现已被广泛地应用于各个领域。

GNSS 包括空间卫星星座、地面监测网和用户 GNSS 接收机。空间卫星星座包含众多卫星,主要负责将信号广播给地面监测网和用户 GNSS 接收机,其卫星大部分分布在许多中圆轨道(MEO)上,每个星座上的卫星必须分布在几个非平行的轨道平面上。GNSS 卫星播发多个频段的多个信号,信号播发时间可由信号内测距码解算得到,同时利用信号内导航电文信息可对卫星进行定位,各卫星内原子钟则使时间参考基准稳定。

地面监测网包括监测站网、1 个或 1 个以上主控站以及若干注入站。首先监测站具体位置已知,当卫星向监测站发出信号时就可得到二者间距离的信息,然后监测站再向控制站传递信息,控制站确定 GNSS 卫星变轨的必要性。

用户 GNSS 接收机要么单独接收 GPS 信号,要么还能兼容其余的 GNSS。目前用户GNSS 接收机都能接收美国的全球定位系统(GPS)、俄罗斯的全球定位系统(Global' naya

Navigationnaya Sputnikovaya Sistema,GLONASS)、欧洲的全球定位系统伽利略(Galile)和中国的导航系统北斗(BDS)。

惯性导航是用惯性元件即加速度计测得运载体自身的加速度,经积分、运算后获得速度、位置等参数,以实现运载体的导航定位。

构成惯性导航系统(INS)的装置均装在运载体中,其在工作过程中不依赖于外部信息和向外辐射能量且不易受扰动,属于自主式导航系统。

惯性导航系统一般包括惯性测量装置、计算机和控制显示器。惯性测量装置由加速度计、陀螺仪等组成,也称为惯性测量单元。三个自由度陀螺仪测量运载体的三个转动运动,三个加速度计测量运载体的三个平移运动。计算机依据实测加速度信号推算运载体速度、位置数据。控制显示器对多个导航参数进行显示。

惯性测量单元(IMU)根据其在运载体中的安装形式,主要分为两种:平台式惯导(IMU安装于惯导平台台体)与捷联式惯导(惯导平台直接安装于运载体)。后一种模式省略了平台,仪表运行条件差(精度受影响)且计算工作量较大。

随着计算机技术的发展,以视觉为基础的导航技术也随之出现。视觉导航技术对当今机器人控制和应用领域具有决定性意义。视觉导航是一种依靠光学或红外系统获取电磁波信息,从而确定自身位置、姿态的导航方法,主要包括信息探测、图像处理、远点坐标、地形匹配过程。由于计算机视觉技术的发展,该视觉系统可向无人机提供数据以自主地引导机器人进行动作,这既是为了给已有的传统导航方式带来更加丰富的导航信息和更高的联合导航精度,也是为了在需求不太高的前提下获得一个造价较低的纯视觉导航系统。

激光雷达作为一种新型导航方式,其感知方式为主动感知,不依赖外界光照,通过发射激光测量自身与周围障碍物的距离以实现对周围环境的感知。它的系统由单束窄带激光器与接收系统组成。激光器输出和发出一束光脉冲击中物体后反射回接收器最后被接收。接收器精确测量光脉冲自发出至反射回来所经历的传播时间。由于光脉冲的速度是光速,所以接收器总要接收到上个反射回来的脉冲才会有下个脉冲。考虑到光速已知,可将传播时间换算成距离来度量。与激光器高度和激光扫描角度相结合,利用激光器的位置和激光发射方向,就可以准确地计算出每一个地面光斑的坐标 x、y、z。激光雷达能得到高精度的测距信息,还具备激光点反射的强度信息,在黑暗的环境下得到的强度信息能够进一步提高导航精度。

7.2.3 常用导航系统

传统的全球卫星导航定位系统虽然能够为无人直升机提供导航定位的相关信息,但其定位信号非常容易受到外部干扰(如外部遮挡、信号屏蔽等)的影响,从而导致定位精度恶化甚至不可用,而惯性导航有着良好的隐蔽性和自主性,但其也有着致命性的弱点:其误差随时间增加而增加,而误差积累的快慢取决于惯性测量单元的精度大小,精度越高,体积越大,价格也越昂贵。于是,组合定位导航系统成为无人直升机导航的常用系统。组合定位导航系统可通过多种导航信息的融合,进一步提高导航系统的感知能力。

典型的 GNSS/INS 是由单一 GPS 和 INS 组成的,其通过整合形成对环境某特征的一种表达方式,借助惯导位置与速度信息,GPS 接收机还会提高捕获、跟踪与再捕获等功能,当卫星分布状况较差或者可见星较少时,导航精度不会降低太多。

因其具有显著优势,GPS/INS 组合系统已成为飞行载体公认的最佳组合导航系统之一。

由 GNSS 和 INS 结合而成的 GNSS - INS 紧组合系统取长补短地利用了各个子系统的特性:GNSS 的高精度信息为外界输入,INS 在移动中经常被校正用来控制随着时间累积产生的自身误差,INS 也能协助 GNSS 接收机提高抗干扰能力。在信噪比低至一定水平后,GNSS 接收机就无法正常运行,此时惯导系统能够自主导航和定位。惯导系统在 GNSS 信号条件得到明显改善至允许跟踪后,为 GNSS 接收机快速获得 GNSS 码及载波提供相关初始位置和速度信息。惯导系统信号还可用于协助 GNSS 接收机天线指向 GNSS 卫星以降低干扰对该系统运行的影响。此外,惯性导航系统还可以改善 GNSS 接收机的跟踪能力。INS 的高频输出导航信息,能较好地反映载体的动态行为,将该信息用于 GNSS 跟踪回路辅助,可明显地降低载体动态行为带来的跟踪误差,这将降低回路带宽以进一步削弱噪声带来的跟踪误差。

伴随着科技的进步,LIDAR 作为激光、全球定位系统以及惯性导航系统三大技术的结合体,被用来获取数据以及产生准确 DEM。

综合运用上述 3 种技术可对激光束击中物体后的光斑进行高精确定位。它还被划分为日趋成熟的获取地面数字高程模型的地形 LIDAR 系统与已成熟使用的获取水下 DEM 水文 LIDAR 系统两部分,两部分的共同之处在于使用激光来检测与测量,而激光 LIDAR 一词的英文翻译就是 Light Detection And Ranging。

激光的自身测距能力很强,测距精度可以达到数厘米,LIDAR 系统精确度的高低除激光自身因素外,还要依靠激光、GPS 和惯性测量单元三者之间的同步性这一内因。伴随着商用 GPS 和 IMU 技术的进步,利用 LIDAR 获取飞机等移动平台的高精度数据已成为现实和广泛使用。

同时伴随着计算机视觉的发展,视觉导航也有以下缺点:

(1)低可探测性。无人直升机的高速运动使视觉传感器获取图像信噪比较低,特征提取困难。

(2)强机动性。无人直升机的强机动性会影响视觉传感器对视觉地标观测的时间和观测误差。

(3)弱可重复观测性。无人直升机的强机动性和和使用特点使其在工作中难以对自然地标重复观测,定位误差大。

(4)非线性。

针对以上特性,发展出视觉/惯性组合导航。首先独立地从实时图像中检测出视觉地标特征,与预先准备的基准图视觉地表特征库进行视觉地标景象匹配计算,同时利用惯性导航系统得到的无人直升机的姿态参数来修正确定无人直升机的位置。

7.2.4　飞行轨迹生成与路径规划

计算安全路径,是无人直升机能够从起飞点到达目标点的重要保障,也是完成任务的重要前提。正确选择路径点则是无人机路径规划中的重要环节。因此,选择适合的算法对于无人直升机路径规划非常重要。

目前,不同的研究人员提出了不同的方法,以快速有效地规划无人直升机路径。如图7－10所示,目前的导航算法主要分为两类:一种是需要提前载入环境信息的经典算法,如A＊算法、细胞分割法(CD)、随机路图法(RA)、人工势场法(APF)等;另一种是不需要提前载入环境信息的智能反应算法,如遗传算法(GA)、布谷鸟算法(CS)、粒子群优化算法(PSO)、人工蜂群算法(ABC)等。

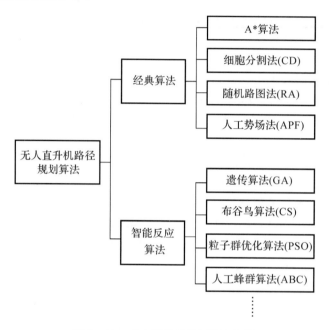

图 7－10　无人机路径规划算法分类

1. A＊算法

荷兰科学家迪杰斯特拉等人于 1968 年首次提出 A＊算法,并迅速应用于各个领域。A＊算法是一种启发式算法,其基本的思想是,当无人直升机开始运动时,根据长期环境的先验信息,得到每个点之间的代价,将已选择的点集合记为 M,未选择的点集合记为 N,算法开始时,集合 M 只存在初始点,N 中包含除起始点以外的其他节点,选择代价最小的路径点加入集合 M,之后更新 M、N 集合信息,根据顶点对顶点的原则,继续选择 N 中距离 M 中顶点最短代价的路径点加入集合 M,直至得到最短路径。在运动过程中,全局规划器控制系统按照该路径行动。

A＊作为启发式算法,优点在于计算速度快,能够高效得到无人直升机路径的信息,但是其缺点也很明显。针对其缺点,研究人员也给出了不同的解决办法。针对 A＊算法计算复杂路径效率低以及在复杂环境下出现搜索失败的现象,李得伟等人通过改进搜索顺序和优化估价函数,将 A＊算法中的无向搜索改成有向搜索,将全局估价变为局部估价,提高了算法效率。宋雪倩等人提出利用 Dubins 曲线找到有效节点,为每一架无人直升机分别构建最短避障路径,以便更快地得到更短的安全路径。

2. 细胞分割法

在该方法中,控制器将预先获得的地图先验信息划分为不重叠的方格,在当前方格时,经过与之相邻的所有方格,最终到达目的地,实现路径规划。当遇到一个含障碍物的损坏细胞时,将该细胞进一步分割,得到一个不含障碍物的纯细胞,将该细胞添加至路径中,最终确定从初始点到目标点的最佳路径。在计算时,起始点和目标点由不同的纯细胞表示,连接此细胞的纯细胞序列则显示了所需的路径。

3. 随机路图法

随机路图法利用 Voronoi 图和可视图在空间内建立路线图,所有的路线有着相同的权重,被选择的概率都是相同的,而随机路图法则是根据建立起的图规划出最优路径。在该算法中,节点的选择对于路径的生成起着至关重要的作用。

4. 人工势场法

人工势场法由 Khatib 于 1985 年提出。在该算法中,目标和障碍物对无人机就像均匀电场中的电荷,分别存在着引力和斥力。引力吸引无人直升机向目标点移动,斥力使无人直升机避开障碍物,实现无人直升机由起始点向目标点的安全路径规划。但该算法存在着局部极小值。

另一种是根据实时测量的环境元素信息,与自身的位置信息计算相对关系,从而规划路径的智能反应算法,如遗传算法(GA)、粒子群优化算法(PSO)、蜂群算法(ABC)、布谷鸟算法(CS)等。与传统算法相比,它们能够更加有效地处理路径规划中的不确定性。

5. 遗传算法

遗传算法是目前流行的一种基于搜索的算法,最早由 Bremermann 于 1958 年提出,该算法已经在各个领域得到应用。但它涉及优化困难问题,必须在给定的约束条件下最大化或最小化目标函数。在这种情况下,为给定的问题分配一个种群,并根据目标函数为种群的个体分配适应能力值,种群内的个体根据环境进行选择,并可通过杂交进行基因传递。种群中的变异保证了种群的多样性,避免了算法过早收敛,不能得到最优结果。与局部算法相比,遗传算法能够更好地利用历史信息。

6. 布谷鸟算法

布谷鸟算法是由 Yang 和 Deb 在 2009 年提出的一种启发式算法。该算法遵循以下原则:①每只布谷鸟在随机选择的巢中一次只产一个蛋;②最好的巢将会被传到下一代;③可用寄主的巢是固定的,布谷鸟产卵的概率为 $P_a \in (0,1)$。在这种情况下,寄主要么摆脱卵,要么重新建立一个新的巢穴。布谷鸟算法作为一个改进算法,提高了原始算法的收敛速度和效率,因此可以应用于无人直升机路径规划算法中的性能时间优化问题。

7. 粒子群优化算法

粒子群优化算法是一种基于自然现象的启发式算法,采用了鱼群和鸟群等生物的社会行为。该算法由 Eberhart 和 Kennedy 于 1995 年提出,是一种快速增长的优化算法,用于解决工程和科学中的各种问题。粒子群优化算法模仿社会动物的行为,但不要求任何领导个体。该算法通过靠近食物的粒子对其他粒子的引导,得到所需要的解决方案。粒子群算法的每一个粒子,都代表着算法中一个可能的解。目前,粒子群算法被广泛运用于无人直升机路径规划领域。

8. 人工蜂群算法

受到蜜蜂的启发,Karaboga 于 2005 年提出了人工蜂群算法。蜂群算法遵循以下原则:①工蜂提供蜂蜜来源,并评估食物质量;②其他工蜂从提供者处得到位置信息和食物质量信息后,选择食物的来源;③侦查蜂确定后,并到达可能的食物来源。

目前,国内外对无人直升机路径规划问题已经进行了大量研究。虽然无人直升机路径规划算法的方法较多,但依然面临着许多困难,主要包括无人直升机在规划路径时建模、单架无人直升机路径规划效果较好而无人直升机编队路径规划的协同和平滑处理,以及面临突发威胁时多无人直升机路径重规划等问题,具体如下:

(1)无人直升机建模问题。路径规划过程中,多是将无人直升机作为一个质点,而不考虑无人直升机的大小、自身搭载的智能设备等问题,使得无人直升机建模过于抽象和理想,导致无人直升机在实际执行规划路径时效果差、飞行航线相互交叉等成为急需解决的问题。

(2)路径规划算法中,对于无人直升机自身性能考虑不足。实际中存在的燃油消耗、飞行转角、法向负荷等问题考虑不足,导致仿真能够实现的路径规划在实际环境中无法实现或鲁棒性较差。

(3)单架无人直升机在路径规划算法下获得路径规划更容易陷入算法本身存在的局部极值,或是局部最优结果中。

(4)在未知环境下的无人直升机路径规划,经典算法应对突发情况和动态环境时,路径规划策略成功率较低,计算量大,很难完成实时的路径更新。

(5)相较于传统算法,智能反应算法面对动态环境的路径规划,反应更快,但在多机协同情况下,相互间的交流信息多,导致计算量增加,同时容易陷入自身存在的局部最优等问题。

7.3 飞行控制方法

飞机操纵系统,是一种传递驾驶员或者自动驾驶仪操纵指令并带动舵面等机构来对飞机飞行姿态进行操纵的系统。其按操纵指令的来源可分为人工操纵(也可分为主、辅助操纵系统)、自动控制系统。对于无人直升机来说,自动控制的命令从系统中的传感器发出,可以响应外界干扰而维持指定飞行状态。常见自动控制系统包括自动驾驶仪、各类增稳系统、主控操纵系统等。自动控制系统工作和驾驶员人工操纵是独立的,不受阻碍的。飞机操纵系统是伴随着飞机发展而产生的,经历了一个从简单初级向复杂改进的过程,人工机械系统、助力器操纵系统以及电传操纵系统相继产生。20 世纪 70 年代初出现了多余度设计的电传操纵系统,使用电信号和相应开关或手柄,以及导线电缆和电动执行机构来操纵舵面,已在许多民用飞机上进行使用。

初期飞行控制系统为机械式,舵面直接靠人力牵引。

但在飞机体积不断增大和飞行速度不断提高的情况下,用拉钢索来直接驱动舵面已非常困难,因此人们在操纵系统上增加了液压助力器来辅助飞行员操纵舵面和增大拉钢索所产生的力并执行相应的运动。

伴随着飞机飞行速度的不断增加,跨声速飞行过程中舵面受力变化很大且呈非线性分布,飞行员一般无法有效地控制舵面受力。第二次世界大战后出现了更高级的操纵系统——全助力操纵系统。全助力操纵系统的操纵面没有直接连接钢索,驾驶员无须花费很大体力就可以直接拉住舵面,并且可以克服飞行器跨声速飞行时舵面受力的非线性,但同时也给驾驶员对飞行器飞行状态的感知带来了困难,因此在飞行器设计时增加了一定的反馈装置来辅助驾驶员对飞行器状态进行判断。

增稳控制系统产生于 20 世纪 50 年代中期,它通过收集传感器的数据来获取飞机的姿态信息,并结合飞行员的操控指令来执行控制任务以保证飞机的平稳工作。但增稳控制系统实质上仍然属于机械控制系统范畴,这类系统存在机械结构复杂、质量较大、占用空间较大且控制精度不高等缺陷。电传飞行控制系统(EASC)的问世弥补了机械控制系统的上述不足,它不需要复杂的机械结构,与增稳控制系统相比,其质量明显减轻,体积显著缩小,性能非常优良。电传飞行控制系统实现了操控指令到电信号的直接转化和对电动舵机的直接动作,具有控制精度高和操纵品质优良的特点。飞机电传操纵系统一般利用余度技术来改善飞行控制系统的可靠性,从而明显降低飞行故障率。

7.3.1　电传操纵

电传操纵系统是集成伺服、传动与控制机构协调运作的控制系统。无人直升机电传操纵系统是飞行姿态和飞行轨迹的控制系统,其性能的好坏将直接影响无人直升机的稳定性和安全性。电传操纵系统相比于机械操纵系统,具有质量轻、占据空间小、无复杂连杆机构、控制精度高等优点,能够减少安装时间,降低维护费用,且不易受环境温度变化的影响,是主动控制技术的实现基础。其执行机构为舵机。由于直线位移舵机能直接控制舵面,反馈精度高,受到广泛使用,无刷直流电机以其寿命长、体积小、质量轻、转速高、可靠性好、易散热、出力高、转动惯量低和便于余度控制等诸多优点而逐渐成为电传操纵系统的发展主流。

电传操纵系统由若干硬件分系统组成。分系统在全系统范围内根据功能的依存性和作用的相关性予以划分。分系统的划分与确立,既有利于分系统的设计,也便于全系统功能的分配和性能指标的管理。一般会把全系统分成以下 5 个分系统。

(1)飞行控制计算机分系统。飞行控制计算机分系统的组成及其主要控制功能包括飞行控制计算机主机、前置接口(输入主机的信号处理、成形、转换接口)、后置接口(计算机的输出信号处理接口)、计算机使用及系统使用的电源、故障逻辑电路、信息通信总线。

(2)伺服作动分系统。伺服作动分系统包括伺服控制器以及信号处理线路,伺服作动器(执行机)以及它的转换、监控机构,监控以及余度管理逻辑和线路。

(3)传感器分系统。传感器分系统主要包括一些传感装置,如驾驶员指令传感器、飞行运动参量传感器、大气信息传感器、特殊传感器。

(4)控制/显示分系统。该系统为驾驶员提供控制与监控的控制机构和显示装置,直接为人使用,构成人-机之间的界面,它的设计应符合使用者的要求与习惯。

(5)机内自检分系统。此系统赋予系统自检测和自诊断的功能,实现了缩短飞行前准备时间,提高飞机出勤率,增加系统工作和故障状态的透明度,提高系统维修特性,以及增强系统故障检测与识别功能,是确保无人直升机飞行安全的重要保障。

电传操纵系统作为一种对无人直升机实施全时间、全权限控制的飞行控制系统,具有以下特点:

(1)其由电信号系统和控制增稳系统组成,克服了机械操纵系统的缺点,进一步改善了无人直升机的操纵品质,对无人直升机构造变化的影响不敏感,减少了维护工作量以及更容易与主动飞行节制系统相耦合。采用电传操纵系统有效地解决了现代高能无人直升机控制与稳定过程中遇到的许多棘手的问题,为实现其他功能打下了坚实的基础功底。

(2)目前情况下,电传控制系统也并不是完全十全十美、没有缺点的控制系统,其在运行过程中也会遇到一些需要我们去解决的问题,就像其在系统可靠性要求上的标准非常高,目前也是正在探索之中,实际上,要达到这样的要求需要我们付出非常高的代价。现在在这个问题的解决上,采用的是余度系统,但是这个方法成本很高,也不能让无人直升机在体积和质量上有非常好的改善。并且无人直升机在高空中飞行,无人直升机上的电子部件特别是数字器件很容易受到外部变化环境的干扰,像是雷电、雨水、温度起伏不定等等。

7.3.2　光传操纵

光传操纵指用光纤取代铜导线作为传输媒介的飞行或推力控制系统,被称为继机械操纵和电传操纵后的第三代操纵。

光纤即光导纤维。光纤是一种以光脉冲方式进行信号传输的网络传输介质,其材料主要为玻璃或者有机玻璃。传输时通常由发送端把电信号转换成光信号并由光纤进行信号传输,而接收端则把光信号转换成电信号并进行光传输以达到光传输通信目的。将光传输应用于无人直升机,带来的第一个问题就是提高无人直升机安全性:光纤能有效抵御电磁干扰以及雷击或者闪电造成的电磁冲击,且对核爆炸及其他造成的电磁脉冲并不敏感,光纤具有良好的电隔离性,排除电火花产生以及导致爆炸的风险,光纤具有很好的故障隔离性,使其在某一通道失效时不影响其他通道,光纤作为介质材料不会向外辐射能量,从而没有金属导线固有的环流及其造成的瞬时干扰,光纤能有效消除信号间串扰,抗腐蚀性强,热防护质量高。

光传输系统用光纤代替电缆也使无人直升机经济性得到提高:光纤通常由 SiO_2 晶体制成,纤芯非常细且光纤较电缆质量轻,因此使用光纤能大大减轻系统质量及体积;光纤既能使用时分复用(TDM)技术又能使用波分复用(WDM)技术进行多路传输;使用波分复用技术又能对单根光纤进行双向传输,这将给布线数量及维修等方面都带来好处。将光传输应用于无人直升机中,能够带来传输率的提升;光传输对于数据传输率有更大优势,普通电缆传输率高达 100 Mb/s,而光缆传输率高达 1~4 Gb/s,显然它对于有高数据传输率需求的新系统有更大优势,以及对于高数据传输率的新系统有更好的支撑。

1. 在强电磁干扰下飞行

电磁干扰一般可以分为两类:一类是外部干扰,即无人直升机外各种非预期导航、通信设施,以及一切人为或自然电磁干扰源;另一类是内部干扰,即机身内通信、导航、传感器变送系统、能源系统产生辐射或传导噪声。现代数字电子技术、多电(More electric,Melectric)飞行器作动系统及现代空战等电子干扰战术,加之世界各国高强辐射源急剧增加,使飞行器在安全飞行环境下的电磁干扰与核辐射问题愈加凸显。与此同时,复合材料的日益广泛使用,会使系统内的电子元器件丧失常规飞机金属蒙皮的屏蔽防护作用。解决这一难题的根本出路是利用纤维光学系统(FOS),因为它依靠光纤来完成任务,所以它有内在的抗电磁干扰能力(EMI),能使飞机上的电磁干扰衰减几个量级。另外,由于在光纤内部传输的光能很少向外辐射,所以不会引起同一根光缆内部光纤间的串扰和故障扩散。

2. 减轻机载设备质量

无人直升机质量与其机动性及整体性能密切相关,进一步降低机载设备质量非常有利。

在战斗机中,借助于光纤多路传输技术(如频分复用、波分复用或光载波复用技术/解复用技术等),一根光纤内就能传输多路复用信号,从而能极大地减少所需的光纤总数量,如F/A-18 每个作动筒内平均具有 15 条分立信号线,当改为 FBL 技术时,仅用 1 根光纤就能完成 15 条电导线完成的信号传输功能。

3. 数据传输速率高和传输容量大

对多数飞控系统而言,1 Mb/s 导线式应答总线的传输速率已经够用了,而先进 UMS、VMS 系统对传输速率的要求最高可达 5~20 Mb/s,只有满足美国标 SAE AS-1773A 的光纤数据总线才能胜任。

由于光传输具有高速率的特点,所以可利用分时方式在单根光纤上传输多路信号,这也给频分、波分及其他复用技术在数据传输容量的应用上带来了巨大潜力。如果字长是 20位,则 1 路光纤中传输 1 万路信号的频宽达 100 Hz。

4. 改善系统的动态特性

在无人直升机电子系统日趋集成化与复杂化的今天,电传操纵(FBL)系统已经无法适应进一步提高系统性能的需求,光传系统高速率与大容量等特性给系统频宽的增加带来了可观的潜力,与此同时,FBL 系统质量的降低也可以提高军用机机动性。另外,光纤和神经网络技术相结合也为最优控制设计的有效实现提供了一种可能性。

5. 提高飞机的总体性能及燃油经济性

无论是商用无人直升机还是军用无人直升机,其总体性能的改善与无人直升机整体的减重总是紧密相关的,FBL 系统质量轻这一特点将可直接增加飞机的有效荷载和续航能力,以及减少燃油消耗。

6. 降低验证费用,改善成本-效益指标

验证航空电子设备(EME)与飞行控制系统(ACS)的复杂程度与所需成本剧增,且由于光纤内在的抗电磁干扰(EMI)特性,所以对光纤接口与光缆传输系统只须开展部件级 EME校验试验,不再需要开展价格昂贵的整机 EME 校验试验。另外,因为光纤总线具有较高频宽,可为飞行控制系统验证提供一种较快速识别飞行器飞行动力学及稳定性参数的手段,所以极大地缩短了飞行器控制律的研制开发周期,进而降低了验证成本。

7.4　常用传感器

传感器是一种以一定的精度将被测量转换为与之有确定对应关系的某种物理量的测量装置。要实现对无人直升机的飞行控制,首先要解决的问题就是如何精确测量无人直升机的各类飞行状态参数。因此在飞行控制系统中装有各种传感器,如垂直陀螺、加速度计、大气数据传感器、高度表、磁航向计、角速率陀螺和 GPS 等。传感器精确测量无人直升机的各种运动参数,这些参数可以完善地描述无人直升机的运动状态及其在空间的位置。飞行控制计算机在获得这些参数后,便可按一定的飞行控制律自动地控制无人直升机,使其按给定的姿态、高度和航迹飞行。传感器是测量运动参数的关键部件,是系统的重要组成部分,在飞行控制系统中起着非常重要的作用。

下面介绍几种常用的传感器。

1. 垂直陀螺

陀螺仪作为惯性测量器件在惯性导航、惯性制导以及惯性测量系统中都是核心组成部分,在军事以及民用领域都有着广泛的应用。在无人直升机导航系统中通常也将垂直陀螺和磁航向传感器配合使用,组成主/备导航系统。

H 轴能够跟踪地垂线的陀螺称为垂直陀螺。垂直陀螺在导航中提供地垂线基准或水平面基准,可用于测量无人直升机机体的横滚角和俯仰角。垂直陀螺的自转轴指示地垂线,内环轴和外环轴水平放置。为了使陀螺的 H 轴跟踪地垂线的运动,需要随时测出 H 轴与地垂线基准的差角,根据这个偏角信号,对陀螺施加进动力矩。那么这样一个基准地垂线如何获得呢?在地球上的摆、单摆、复摆、液体摆等可作为地垂线的敏感元件。在相对地球静止的基座上,摆线可精确地指示地垂线,但在运动着的物体上,由于摆的抗干扰能力很弱,它将围绕某一平衡位置发生振荡,所以,虽然摆具有敏感地垂线的功能,但又不能直接用它作为垂线指示器。然而,如果把单摆敏感地垂线的特性与陀螺的巨大抗干扰惯性相结合,即用陀螺的稳定性克服单摆抗干扰能力弱的缺点,用单摆作为敏感元件,控制陀螺的进动,就能有效地构成指示地垂线的仪表。那么,当单摆受干扰在地垂线附近振荡时,陀螺 H 轴怎样运动呢?当单摆快速偏离地垂线时,将产生一个偏差力矩 M 使陀螺进动,其进动角速度 $w=M/H$,由于 H 很大,所以进动角速度 w 很小,即 H 的进动速度远小于摆线偏离速度。当 H 轴刚刚偏离地垂线一个极小的角度时,摆线又改变方向,偏到地垂线的另一边,使加于陀螺上的力矩反向,H 轴反向进动。这样,即使单摆在地垂线附近快速激烈地振荡,陀螺 H 轴在地垂线附近也只是作几乎观察不到的、极微小的振动。由于地球自转和载体相对地球运动而引起的地垂线的变化一般是缓慢的,所以对这种低频运动,陀螺 H 轴的进动是可以跟上的。这样,陀螺就像一个低通滤波器,当单摆作高速振荡时,陀螺将其大大衰减,而当单摆作运动时,陀螺几乎完全复现这种运动。

将摆和陀螺组合于一体的最简单的方式,就是使陀螺的重心沿 H 轴方向移至支架中心的下面。当 H 轴偏离地垂线时,由质量偏心产生的重力矩使 H 轴进动,并附加阻尼,使 H 轴回到平衡位置,这就是陀螺摆。另一种方式是在陀螺的内、外框架上分别安装一个摆来敏感自转轴相对地垂线的偏离,以两个摆的信号分别控制两环上的力矩电机,使 H 轴进动回到平衡位置。这种用闭路控制的方法使陀螺 H 轴跟踪地垂线的仪表称为垂直陀螺仪或陀螺地平仪。

垂直陀螺的内、外环轴分别安装一个摆式角度传感器,它们将 H 轴绕内、外环轴线与地垂线的偏差角 β、α 转换成电信号输出,该信号经放大后送至力矩电机。其连接方式应使内环轴的角度传感器控制外环轴上的力矩电机,外环轴上的角度传感器控制内环轴上的力矩电机。电磁力矩的极性应使 H 轴向着减小与地垂线的偏差角方向进动。

2. 加速度计

加速度计是惯性导航、惯性制导和控制检测设备的重要测量元件。不论惯性导航或惯性制导，均利用加速度计灵敏这一特点，对载体运动加速度进行测量。

加速度计主要包括检测质量（又称敏感质量）、支承、电位器、弹簧、阻尼器、壳体等。检测质量受到支撑的限制仅能沿着一个轴运动，该轴通常被称作输入轴或者敏感轴。仪表壳体在敏感轴上随运载体做加速运动的过程中，按牛顿定律有一定惯性检测质量试图维持原有运动状态。它和壳体会发生相对运动而导致弹簧发生形变，因此检测质量会受到弹簧力作用而相应地发生加速运动。在弹簧力和检测质量于加速运动过程中所产生的惯性力达到平衡后，检测质量和壳体就不再发生相对运动了，此时弹簧的形变反映了被测加速度的程度。电位器是一种位移传感元件，它将加速度信号变换成电信号以供输出。加速度计实质为一自由度振荡系统，必须使用阻尼器以提高其动态品质。

目前，加速度计已广泛应用于航空、航海、宇航及武器的制导和控制。加速度计的种类有很多，包括摆式加速度计、挠性加速度计、电磁加速度计、静电加速度计、振梁式加速度计等。近代激光、光纤传感等新技术以及不断出现的新型材料的应用给光学加速度计的发展提供了有利条件，出现了多种实用的光纤加速度计。随着微电子学和微制造技术的发展，硅基材料被越来越多地用于制造传感器，其中硅微机械加速度计已成为研究的热点。

3. 大气数据传感器

大气数据是飞行器基本的飞行参数，因为飞行器需要依赖于周围大气提供的升力才能飞行。而当今的飞行器，由于需要更好的飞行品质和更高的安全性，所以驾驶员不仅极度关心飞行器的高度、空速等基本的位置和运动参数，还需要大气数据系统提供修正气压、马赫数、真空速、总温、静温、升降速度、全压、静压、大空速 v_{mo}、大马赫数 M_{mo} 等参数，并且必须确保这些参数的精确、可靠，否则，丢失尤其是错误的大气数据指示，对飞行器来说是灾难性的。

飞行器在飞行中，空气相对于飞行器就产生了气流。空气在流动过程中，其分子一方面作不规则的分子热运动；另一方面，顺气流方向作规则的运动。这两种运动有联系，又有区别，在一定条件下可以相互转化。气流相对于飞行器运动时，在正对气流运动方向的飞行器表面上，气流完全受阻，速度降低到零。在这种条件下，气流分子的规则运动全部转化为分子热运动。与此相应，气流的动能全部转化为压力能和内能，因此，空气的温度升高，压力增大。这个压力叫全受阻压力，简称全压。气流未被扰动处的压力为大气压力，叫作静压，可以用来计算飞行器高度。全压和静压之差叫作动压，可以用来计算飞行器的空速。

大气数据系统通过安装在飞行器表面的多个探头感知机身周围的气流压力、温度等信息，经过相应解算得到各种与大气数据相关的飞行参数。在飞行器上有专门收集全压的探头，叫作全压探头（空速管）；有专门收集静压的传感器，一般直接安装在机身侧面的蒙皮上，叫作机身静压孔，也有的集成在空速管的侧面，则该空速管就称为全静压探头。此外还有总温传感器、攻角传感器等，但全压和静压传感器在大气数据传感器中是最为关键的，同时也具有非常高的安装要求。

4. 高度表

高度表是飞行器不可或缺的仪表设备，其高度信息是飞行器测控系统的关键参数之一，高度信息的准确与否对飞行器能否安全飞行起着至关重要的作用。测量飞行高度的仪表即为高度表。高度表的种类很多,如气压高度表、无线电高度表等,不同种类高度表的工作原理和测量范围都各不相同。

气压高度表通过测量环境大气静压力间接测量飞行器高度。随着微机电技术的不断发展,以硅阻压力传感器为基础的数字式气压高度表已广泛应用于小型飞行器以及无人机等飞行器中。受地球重力影响,当高度较高时,气压高度表的分辨率会有所下降。受地球大气变动影响,环境大气压力与温度始终处于波动状态。但是,由于大气变动比较缓慢,所以短时间内气压高度表的精度较高。不过,随着时间变长,大气压力与温度波动变大,会给高度测量带来较大误差。因此,气压高度表的测量准确度难以得到保证,不能完全依赖其提供高度信息。但将其与 GPS 进行融合,利用各自的优点相互补偿,可以得到高精度的组合高度系统。

无线电高度表采用无线电波反射原理进行工作。无线电发射机和发射接收天线安装在无人直升机上。在测量过程中,发射机通过发射天线把无线电波发射到地面,接收机会依次收到从发射机直接发射过来的电波与从地面反射回来的回波作对比,这两束电波在时间上具有一定的差异。若电波传输时不受扰动,则时间差与测量高度成正比。所测的时间差和高度都是已知的。所用无线电高度表为调频式与脉冲式。前一种发射机发射调频式电波,电波频率在时间上呈周期性变化,这样接收机接收到的两束电波之间的时间差直接换算成信号频率差并测出频率差就可以获得真实高度。而后一种发射机所发出的脉冲为离散脉冲,它要求对发射脉冲和反射脉冲进行时间差测量。

7.5　发展趋势

无人直升机未来的发展必然朝着高速、大载荷、长续航的方向发展。相比于常规无人直升机,共轴双旋翼无人直升机的结构更加紧凑、悬停效率更高、机动性能更优越、有效载荷更大,是无人直升机结构上的一大选择。其发展趋势主要有以下几个方向:①结构紧凑,机动能力强;②高速,复合共轴双旋翼无人直升机是未来无人直升机平台的发展方向之一;③高载荷,长续航。

无人直升机的飞行控制比较复杂,当前国内外大多数无人直升机都是处于遥控以及自动飞行的层次上,遥控是通过遥控器控制直升机飞行,自动飞行是指无人直升机按预先设定的程序飞行,其所有的功能以及任务都是飞行前规划完成的。而在复杂不确定的环境条件下,现有的无人直升机系统一旦缺乏人的控制、决策和干预,往往不能顺利完成任务。因此共轴双旋翼无人直升机飞行控制将会朝着以下几个方向发展:

(1)综合自主飞行控制技术;

(2)定性、高可靠性飞行控制技术;

(3)多模态鲁棒飞行控制技术;

(4)飞行以及实时航线规划技术;

(5)自动飞行技术。

然而共轴双旋翼无人直升机的未来发展中,具有以下亟待解决的关键技术:

（1）建模技术。共轴双旋翼无人直升机控制设计的基础是模型的分析，针对置信度较高的模型，控制律设计能够符合实际无人直升机的特性，能够在实际飞行测试中节省资源和时间。

（2）起飞、自动着陆控制策略。自动起飞到悬停，再到自动着陆是无人直升机最重要的一步，这个过程是多个模态控制相结合才能达到的控制效果，共轴双旋翼无人直升机上、下两个旋翼既要控制垂向模态又要控制航向，使得其在起飞和着陆的精确性上比常规直升机更为复杂，制定安全可靠的控制策略是飞行控制的重要一步。

（3）多模态、多通道控制律设计。共轴双旋翼无人直升机高耦合、高阶非线性强，在控制律设计时相比常规无人直升机更为复杂，与此同时，模型建立的偏差以及各通道和模态之间的耦合性导致飞行控制精度比较差，影响飞行效果。因此，需要对多模态、多通道综合分析研究，通过实际飞行数据以及理论研究分析相结合，提高整体的控制效果。

（4）无人直升机高可靠飞控系统技术。共轴双旋翼无人直升机因为双旋翼的特殊性，在飞行控制时比常规直升机要求更高，上、下旋翼控制的不合理则会导致上、下旋翼的碰撞。考虑到共轴双旋翼无人直升机结构紧凑、尺寸小的优势，机载航电设备要小型化设计，同时保证航电设备的安全性、可靠性。针对共轴双旋翼无人直升机的高成本和上述特殊性，研究出安全可靠的飞控系统需要从机械结构、执行机构、传感器、飞控计算机以及飞控软件等多个方面进行，从而实现高可靠飞控系统的研发。

第8章　电气系统

8.1　无人直升机电源系统概述

对无人直升机而言,电能是不可或缺的。无人直升机上的各个电子设备(如计算机、显示器、传感器、控制器等)在无人直升机的运行过程中均需要供电;而其他方面,电热防冰类负载需将电能转换成热能;电动油泵、电动机、电磁活门需要将电能转换成机械能;无人直升机上的航行灯、着陆灯等需要将电能转换成光能。

8.1.1　电源系统的分类

按用电种类区分,在无人直升机上使用的电源主要有两种:直流电源和交流电源。

直流电源一般出现在早期的无人直升机系统中,其在小型无人直升机系统中被广泛作为主电源使用。原因在于直流发电机的容量一般较小,仅为几十千瓦,其电压也被控制在低压 28 V 左右。此外,为了飞行安全考虑,所有无人直升机的备用电源系统均为直流电源系统。

现代无人直升机大都开始使用交流电源。其容量较大,目前单机容量已超过 150 kV · A,电压为 115 V/200 V,频率一般为 400 Hz,可以满足较大量的供电需要。

无人直升机在飞行过程中通常需要直流电与交流电。通常情况下,无人直升机中使用直流电源作为主要电源。直流电源采用直流发电机、交流-直流发电机或者航空蓄电池供电,需要的交流电采用静变流器(机器)供电。

8.1.2　电源系统的组成

无人直升机电源系统主要由电源、控制及保护装置和供电网络等组成。

1. 电源

为了确保无人直升机系统工作时的可靠性,电源有下列几种:

(1)主电源:为无人直升机发动机带动发电机供电。

(2)辅助电源:由机载电瓶供电。

(3)应急电源:当飞行过程中主电源发生故障时,无人直升机的主要装备通过应急电源提供电力。应急电源包括机载电瓶和机载静变流机器。

(4)地面电源:当无人直升机位于地面上时,地面电源车为无人直升机提供电源。

(5)二次电源:就是把主电源输出的电能变换成另外一种格式或者规格,以适应各种用电设备。例如变压整流器（TRU）、变流机（器）（1 NV）等，前者把 115 V/200 V 交流电转换为 28 V 直流电，后者把 28 V 直流电转换为 115 V 交流电。

2. 控制及保护装置

发电机实施调压、发电机励磁控制、发电机出力控制、发电机并联控制以及汇流条控制都可以看作是电源控制。

电源系统保护装置在发电系统出现故障后切断发电机励磁及输出。所设保护项目包括过压（OV）、欠压（UV）、过频（OF）、欠频（UF）、过流（OC）和差动（DP）保护。

3. 供电网络

供电网络由汇流条、电源分配系统和过流/短路保护器/跳开关组成，主要功能是向负荷的电网输送电能，以供直升机各部件运行。

8.2 航空蓄电池

8.2.1 航空蓄电池的用途

为保证飞行安全，在所有无人直升机上均安装有航空蓄电池（或称电瓶）。

一般而言，蓄电池用于发动机的启动点火；在直流电源系统中，切换大负载时可以维持系统电压稳定；而在应急情况（如主电源连接断开或无法工作）之下，机载电瓶可以向导航设备、飞行仪表以及舵机等临时供电，以供飞机返航或紧急降落。

8.2.2 航空蓄电池的种类

航空蓄电池由若干个放置在蓄电池箱中的单体电池依次连接组成，单体电池通常由容器、正极板、负极板、隔板以及电解液等组成。

航空蓄电池按电解液性质分为酸性和碱性两类。

1. 铅酸蓄电池

无人直升机普遍使用的酸性蓄电池是铅酸蓄电池（铅酸电池），它由 12 块单体电池串接而成，每块单体电池的输出电压是 2.1 V。

铅酸蓄电池单体电池极板采用铅-锑合金栅架，含锑 7%～10%。在正极板上涂覆糊状二氧化铅，在负极板上涂覆金属铅。二氧化铅与铅均为有效物质，参与化学反应，即活性物质。极板大多呈疏松多孔状以便于电解液的渗透。所述正、负极板之间设置有隔板，所述隔板为高绝缘性能材料。电解液采用硫酸（H_2SO_4）溶液。

电瓶容量以安培·小时（A·h）表示。1 A·h，即电瓶以 1 A 的电流对负载可连续放电 1 h。理论上，1 个 100 A·h 的电瓶在使用 100 A 电流放电时可放置 1 h，使用 50 A 电流放电时可放置 2 h，使用 20 A 电流放电时可放置 5 h。

而对于铅酸蓄电池来说，其在大电流下的放电因极板很快被硫酸铅包覆而使电瓶内阻变大，所以其容量会急剧减小，例如一只 25 A·h 的电瓶在 5 A 电流下可放电 5 h，在 48 A 电流下只可保持 20 min，而容量只有 16 A·h；又如在 140 A 电流下只需 5 min，容量便会降至 11.7 A·h,这是酸性电瓶存在的一大缺陷。为精确界定酸性电瓶容量,通常使用 5 h 放电准则来进行放完,即令一充入电力的电瓶在 5 h 内释放完毕。如果一只 40 A·h 的电瓶在使用 8 A 的电流放电时应该可以维持 5 h。以下当涉及铅酸蓄电池容量及充放电时,如未加特殊说明,则均以 5 h 为计算标准。

此外,温度以及电池的使用时间等均会对电池的容量产生影响。低温会使反应速率变慢,显著地降低电池容量,而多次的重复充放电也会影响极板的相对面积、极板上极性物质的多少、电解液的多少以及其导电能力。无论何种电池,当容量低于额定容量的 85% 时,就不再考虑装机使用了。

为了减重,航空蓄电池电解液的量比较小,但浓度也相应提高,其密度在 1.280~1.300 g/cm³(25 ℃)之间。由于电池内阻会随着正、负极板距离增大而急剧增大,所以为了降低内阻,极板间隔隙要向外电路移动。单体电池安装在防酸容器内,每只单体电池上都安装有泄气阀以泄气,因为电池做功时气体会逸散出去,但是电解液在无人直升机机动飞行时不会飞溅出来。

铅酸蓄电池放电时,一般只放电到终止电压 1.8 V(对铅酸电池整体而言为 21.6 V),否则会影响电池容量及寿命。在充电(指离位充电的电瓶)中,为了确保飞行的安全,要求电池有足够的电量,但是又不能过充。电池充电状况可从以下三个角度进行测量:

(1)单体电池的开路电压达到最大值 2.1 V(对铅酸电池整体而言为 25.2 V);

(2)电解液密度不上升并维持不变;

(3)电池开始冒气泡,并保持稳定。

一般情况下,以电解液密度作为电瓶充放电状态的量度指标,较为可靠。

在使用密度计进行测量时应考虑到温度对其的影响。27 ℃下密度计所读的数字无须补偿。在 27 ℃以上和 27 ℃以下,读数须增加一修正值。电瓶手册上都有对应的修正表,可以在对应温度上找出修正值。例如在 15 ℃下测量读数是 1.240,修正读数应是 1.232。

2. 镍镉蓄电池

无人直升机普遍使用的碱性蓄电池以镍镉蓄电池为主,它由 20 块或者 19 块单体电池串接而成,每一块单体电池的输出电压都在 1.22 V 左右。

镍镉蓄电池和铅酸蓄电池单体电池在基本构造上是一致的。镍镉蓄电池正极板是活性物质三价镍(NickelOxy Hydroxide,NiOOH)氢氧化物,负极板是镉(Cd)氧化物。电解液采用氢氧化钾水溶液(氢氧化钾 30%,水 70%),氢氧化钾的密度在 1.24~1.30 g/cm³ 之间。每一个单体电池都装有一个泄气阀,泄气阀的打开压力区间在 13.8~69 kPa 之间。蓄电池在充放电过程中,特别是在过充的情况下会有气体产生,气体的压力超过 13.8 kPa,泄气阀就开启了,否则将导致电瓶爆裂。气压低于 13.8 kPa,泄气阀闭合,避免了空气中酸性气体和电瓶内电解液发生反应,减少电瓶容量,另外也避免了电解液飞出。

维护手册中规定,如果泄气阀在压力大于 69 kPa 时无法打开,就必须对泄气阀进行清洁和修理;如果泄气阀在压力小于 13.8 kPa 时打开,说明泄气阀密封圈已损坏,必须更换。

此外,在镍镉蓄电池上设置有温度保护开关,以在蓄电池温度高于 54.44 ℃时断开蓄电池充电电源。碱性电瓶在低温充放电过程中,若充电电压恒定,将导致充电不充分或者放电容量减小。

镍镉蓄电池在放电过程中,仅能置于 1 V 的放电终止电压下(单体),否则会影响蓄电池的容量及寿命。在充电(指离位充电的电瓶)时,为了飞行的安全,需要有足够的电池,但是又不能进行过长时间的充电。由于碱性电瓶中的电解液没有参与化学反应且电解液密度几乎没有变化,所以无法像铅酸电瓶那样通过测定电解液密度来判定充电状态。

实际应用时可通过充电电流的大小及时间的长短判断电瓶的容量。

对放完电后的电瓶采用恒流充电法,其容量约占电瓶额定容量的 140%。多数碱性电瓶都需要进行二阶段恒流充电。如型号为 SAFT40176 的碱性电瓶共有 20 块单体电池,额定容量为 36 A·h。在初期充电时使用较大的电流,通常是以 C 或者 $C/2$ 电流(C 是 1 h 放电速率,C＝额定容量电瓶/1 h)进行充电,之后使用较小电流进行充电。当电瓶容量小于额定容量 85% 时,电瓶无法再装入无人直升机。

碱性电瓶只有通过放电才能测定其容量,具体做法如下:

把充入电力的电瓶静置 12 h,以电流 C 或者 $C/2$ 或者 $C/4$ 进行放电,当置于电瓶中的电压小于 20 V 或者第一只单体电池的电压小于 1 V 时,即停止放电,所述放电电流乘以放电时间即为所述电瓶容量。电流为 $C/10$,充入 4 h 就可以了。在时间许可的情况下,还可用 $C/10$ 的电流直接充电 14 h。

8.2.3 航空蓄电池的充电

当前电瓶充电设备的类型有很多。在充电方式上,主要分为恒压充电、恒流充电以及恒压恒流充电三种。因为电瓶装满以后,会发生自放电,所以为了保持电瓶的容量,无人直升机也采取浮充电。

1. 恒压充电方式(Constant Potential)

恒压充电就是充电时充电电压为常数,而充电设备输出电压要大于电瓶电压。该充电方式具有以下优点:

(1)当充电设备能够提供充足的充电电流(10C 以上)时充电迅速。启动充电后 30 min,可使充分放电电瓶充电量达 90%。

(2)充电设备简单,电解液的水分损失比较小。

其缺点是:冲击电流较大。电瓶充分放电后电压较低,充电电压基本恒定,此时的冲击电流较大。如某电瓶容量为 40 A·h,其冲击电流可达 400 A,充电电流随电瓶电压升高而逐渐降低。

由于各个单元电池的内阻、极板和电解液不可能完全相同,所以在恒压充电的过程中,各个单元电池所分配到的电压也是互不相同的,易导致单元电池出现充电失衡现象,有的单元电池会出现过充现象,有的单元电池甚至会出现充不上电的现象;充电设备电压设置过高或过低都易导致电瓶出现过充现象或者充不上电的现象。对于碱性电瓶,易引起"热击穿"(Thermal Runaway)、"容量失效"(Capacity Fading)等问题。

为避免冲击电流过大,对电瓶及充电设备造成损坏,一些充电设备使用恒压限流充电方式,即先对电瓶充电后再限制电流。当然,这样的充电方式的充电时间也是较为漫长的。

2. 恒流充电方式(Constant Current)

恒流充电就是充电时电流保持不变,充电设备的输出电压根据电瓶电压的不同而不同。该充电方式具有以下优点:

(1)没有过大的冲击电流;

(2)不会引起单元电池充电不平衡;

(3)容易测量和计算出充入电瓶的电能。

目前,电瓶离位充电大多采用这种充电方式,但其缺点如下:

(1)充电时间长;

(2)过充时电解液水分损失相对要多;

(3)充电设备比较复杂。

用二阶段恒流充电法可克服恒流充电持续时间过长的不足,通常是用大电流(C)充电1 h,然后再用小电流(C/10)充电3~4 h。该充电方式能够有效克服恒流充电法耗时较多的不足,同时降低充电时水分损失,但是充电设备较为复杂,不具备大、小电流自动转换的充电设备,须手动调整。

实现恒流充电的基本途径有2种,即通过模拟控制来达到电流恒定和通过脉宽控制来达到充电电流不连续。控制管的导通时间增大、截止时间减小,则平均充电电流增大,否则平均充电电流减小。

该充电方式因可以有效地防止碱性电瓶容量失效(Capacity Fading)而被广泛使用。

3. 恒压恒流充电方式

在电瓶启动充电的时候使用恒流充电,经过一段时间的充电之后会自动切换为恒压充电。该充电方式集恒压和恒流充电的优点于一身,克服了恒压和恒流充电的缺点,但是充电设备复杂。现代无人直升机所装充电器多为此类。

4. 快速充电方式(Reflex)

在快速充电过程中,通常使用较大的电流($\geqslant 2C$)以减少充电时间(1 h)。但大电流充电将导致电池极化现象。所谓极化现象,就是当电瓶充电或放电(特别是大电流充电或放电)时,电池极板电阻变大(欧姆极化);反之,则引起正、负极板周围电解液浓度不同于别处(浓差极化),因而电化学反应变慢,引起温度升高和析气加剧。为克服电池极化的问题,充电时增加了放电脉冲的产生,即以充—放—充的方式进行。当然充入了很多电量,释放了很少电量。该充电方式具有可有效克服电池极化现象、可消除碱性电瓶记忆效应、充电效率高、速度快等特点,被广泛用于航空、地面电瓶等领域。但是,此充电方式易产生过充或者单体电池破损等结果。因此在充电时,应严格按规程操作。

5. 浮充电

因为电瓶有自放电,所以为了保持电瓶容量不减,需要对已装满电瓶进行浮充电。在无人直升机浮充电过程中,电瓶接入电压略高于电瓶的直流电源。浮充电电流与电瓶环境温度、清洁程度及容量相关。在15~33 ℃之间,对普通碱性电瓶而言,容量为1 A·h,要求浮充电电流约为3 mA(酸性电瓶稍大),1只容量为40 A·h的电瓶要求浮充电电流约为120 mA。

在温度上升后,浮充电电流要增大。

8.2.4 机载电瓶充电器

电瓶的容量除了定期的地面检测与维修之外,为了确保电瓶始终充满,无人直升机还必须对其充电。

早期无人直升机,特别是安装酸性电瓶后,直接与直流汇流条相连对电瓶进行充电,也就是恒压充电。现代无人直升机均安装有特殊的电瓶充电器。电瓶充电器的基本形态主要分为两类,一类充电器只具备恒压充电方式,另一类充电器则具备恒流、恒压充电方式。

恒压式电瓶充电器在充电全程中电压保持不变,因为碱性电瓶长时间恒压充电,所以易导致电瓶热击穿现象严重,从而"容量失效"。在碱性电瓶恒压充电时间较长的条件下,有时电瓶电压不升反降,致使充电电流持续增大,电瓶温度过高烧毁,甚至起火。因此,这类充电器一定要有很好的电瓶超温保护功能以及限流功能。当前现代无人直升机普遍加装了带有恒流与恒压两种充电模式均存在的电瓶充电器。现着重谈谈这类充电器的设计。

电瓶充电器启动对电瓶进行充电的时候,使用的是恒流充电模式,当电瓶电压达到转折电压时,充电器会自动切换至恒压模式。恒压充电模式的主要用途是为电瓶浮充电,为热电瓶汇流条提供电能。

开始给电瓶充的电,用恒流充,充电电流约为 1 A。在充电过程中,电瓶电压不断上升,并在电压上升至一转折电压值(即 Inflection Point)后,自动切换至恒压充电模式(即 27.75 V)。充电器为电瓶浮充电的同时为热电瓶的汇流条提供电源。

转折电压值因电瓶型号及温度而异,通常常温下转折值为 31.4 V,温度下降时转折电压值增大。转折电压值是电瓶充电器基于电瓶的温度计算出来的。

恒流充电时间是由电瓶状态(例如电瓶电量已经全部放掉或只放掉部分电量)及电瓶温度所确定的。在电瓶电压达到转折电压值后,为了确保电瓶电量足够,还要进行一定时间的过充电,过充电通常用 $C/10$ 小电流进行,过充电时间大约是基本充电时间的 10%。有的充电器的过充电时间一定,为 8 脉冲。有的充电器过充电时用恒压充电。

有的充电器还有变压整流的工作方式,可以替代 TRU 为直流负载提供电源。充电器恒压充电状态下和 TR 模式下最大的不同在于 TR 模式下工作输出电流较大。

8.2.5 电瓶的维护

保养电瓶时,应严格遵守厂家的使用说明书及保养手册。

因为酸性电瓶与碱性电瓶电解液化学性能相反,所以酸、碱电瓶检修车间应隔开,保持通风良好。

因为电瓶中电解液的腐蚀性较强,所以不允许手部和皮肤与电解液直接接触。如果不小心溅到电解液,应立即中和。对于碱性电瓶的电解液应施加醋或者硼酸进行中和,而对于酸性电瓶的电解液则应施加苏打进行中和。

充电过程中,排气孔必须通畅。因为充电时或过充时会放出氢气、氧气等气体,产生易爆混合气体,所以不可能出现明火,要使用防爆电气设备,保持通风良好。

另外,在保养酸性电瓶时也要注意以下几点:

(1)放电结束后电瓶须在24 h内充完电,充完电后电瓶至少一个月复充1次,以免极板变硬。

(2)定期检查电解液的足量。如果电解液不充足,则电瓶容量将减少,极板与空气接触还会导致极板变硬,这时要加入蒸馏水而不是自来水和矿溶水。

(3)电解液配制过程中,首先配制一定蒸馏水,缓慢地把硫酸倒入水中进行搅拌。注意一定不要把蒸馏水倒入硫酸中,由于水的密度较小,所以会漂浮于酸面,激烈化学反应生成热可使水沸腾,溅出热水会烫伤操作者。

(4)航空电瓶的电解液不可以和其他酸性电瓶的电解液混在一起使用,因为航空电瓶的电解液所占比例要大于其他酸性电瓶的电解液所占比例。

在保养碱性电瓶时,应注意下列事项:

(1)电解液的加注。当电解液的液面高度小于规定值时,应加入蒸馏水,但也不可高于规定值。应该指出,当充电完成时,应立即检查并调节电解液的高度,因为镍镉电瓶经过长时间放电或者放置之后,极板会将电解液吸收。若放电之后调节电解液的高度,在充电过程中,电解液就有冒出头的危险。

(2)漏电检测。电瓶内短路为碱性电瓶常见之故障,对各单体电池进行漏电检测,用毫安级电流表进行检测,一个表头连接外壳,另一个表头接单体电池正极。若漏电大于100 mA,则此电瓶须分解清洗修理。

(3)深度放电。恒压充电模式在一定时间内,会使单体电池处于失衡状态,在充电过程中测得的电压是正常的,而在放电过程中释放出的电却不够用,此时就要求进行深度放电。利用放电设备放尽电瓶内所有电量,只要单体电池电压小于0.2 V,就利用短路夹对单体电池进行正、负极短路处理,静置至少8 h后再进行充电。如果仍无法恢复容量,则需要重新进行深度放电。

8.3 直流电源系统

8.3.1 直流电源系统

1. 直流发电机

(1)结构。典型无人直升机用直流发电机由定子、转子、整流子/换向器和电刷组件组成。其中:定子主要包括磁极、励磁线圈、电刷组件以及壳体,磁极及励磁线圈用于产生磁场;转子包括铁芯、电枢线圈、换向器及转轴,电枢线圈在带动转子旋转的过程中切割磁力线并产生交流电动势,各电枢线圈两端均按照规定顺序与换向器相连;换向器与电刷组件配合使用,其功能是把电枢线圈发出的交流电变换为直流电并通过电刷导出。所述电刷的表面与所述换向器的表面通过所述弹簧紧密连接;所述电刷安装于所述刷架上,所述刷架设置于所述定子内。壳体具有两个方面的功能:一是提供磁极所产生磁场的磁通路;二是充当发电机的机械结构,安装、固定发电机等元件。所述壳体采用铁磁材料制成。

（2）励磁方式。按励磁线圈接线方式可将直流发电机分为串励式、并励式及复励式三种。串励式发电机的励磁线圈串接在负载电路中,励磁电流随着负载增大(电阻变小),发电机输出电压提高。

为了保持电压恒定,可以在励磁线圈的两端并联一个可变电阻(调压器),将部分励磁电流分流出去。这类发电机多用于恒速恒负载,或者当起动电流较大时使用。它的缺点在于电压难以调节,因此通常不用于直升机中。并励式发电机的励磁电流很小,电压调整比较方便,通常小型直升机使用该类型发电机。复励式发电机具有串励式发电机与并励式发电机的两种特性,一般用于直流起动发电机。

2. 交流-直流发电机

为克服直流发电机换向难(特别是高空),换向过程中产生火花以及换向器与电刷检修工作量较大等不足,可使用交流-直流发电机。

它的基本原理是将来自交流发电机的交流电通过二极管整流转化为直流电,然后传输到直升机电网中为负载供电。

交流-直流发电机包括转子与整流器两部分。

与直流发电机不同,交流-直流发电机的励磁线圈安装在转子中,励磁电流经电刷、滑环加入励磁线圈中,因此磁场旋转。输入直流电不存在换向的问题。三相星形联结电枢线圈安装在定子内,三相交流电经六个整流二极管全波整流为直流电再输出。励磁线圈安装在转子内,三相电枢线圈及整流二极管安装在定子内。

3. 两种发电机的优、缺点

直流发电机主要有以下几个方面的优点:

（1）能作为起动发电机用。当起动发动机时,可用作电动机,在发动机启动后转为发电机状态,一机两用,从而减轻了机载设备的质量;

（2）改变励磁方式可以做成不同特性的发电机或电动机。

但直流发电机也有以下缺点:

（1）高空时,由于湿度和空气密度低,所以换向困难,电刷磨损严重;

（2）换向时产生的火花会对机载电子设备产生干扰,换向器和电刷磨损大,维护工作量大;

（3）结构复杂,质量大。

交流-直流发电机有以下优点:

（1）结构简单,质量小;

（2）无机械换向装置,高空性能良好,工作可靠,维护工作量小。

交流-直流发电机主要有以下缺点:

（1）不能作为起动发电机使用;

（2）过载能力较差。

8.3.2 直流电源系统的优、缺点

直流电源系统主要有以下优点:

(1)直流电能可以用电瓶储存,使无人直升机在失去主电源后,能由电瓶供电而安全着陆;

(2)容易实现并联供电,提高供电质量;

(3)直流电源系统供电简单,只需一根导线,另一端接机体;

(4)直流电机的起动力矩比交流电机大,且能实现起动机和发电机合二为一,供电电压低(28 V),对人员比较安全;

(5)控制保护设备简单,电源系统的质量相对比较小。

但直流电源系统也有其缺点,主要表现在:

(1)高空换向困难(对直流发电机),电压变换困难,变换效率低;

(2)会产生噪声和干扰(电刷和换向器);

(3)功率小,一般单机容量不超过 13.5 kW,功率/质量比小,直流起动发电机的功率/质量比仅为 0.7,而变频交流电源为 2.5,恒速恒频交流电源为 1.9。

8.4 交流电源系统

8.4.1 交流电源系统

航空交流电源系统主要有 3 种形式:变速变频交流电源系统(VSVF)、恒速恒频交流电源系统(CSCF)和变速恒频交流电源系统(VSCF)。

1. 变速变频交流电源系统(VSVF)

变速变频交流电源系统的交流发电机直接用减速器带动发动机。该电源在发动机转速不同时,交流电的输出频率也不同。该系统无需恒速传动装置,结构简单可靠,维修工作量少,轻便。其缺点在于因频率改变而相应增加了电机类用电设备需求。需恒频交流电时采用逆变器供电。

2. 恒速恒频交流电源系统(CSCF)

恒速恒频交流电源系统的发电机由恒速传动装置(CSD)提供动力,因此发电机输出恒频交流电。

恒速恒频交流电源系统具有恒频交流电适用于航空器内多种负荷,配电方便等优点;恒速恒频交流电源系统既可单台工作又可并联工作,提高了供电可靠性及质量。其缺点在于:CSD 加重了质量,为降低成本,功率与质量的比值比变速变频交流电源系统小。

3. 变速恒频交流电源系统(VSCF)

由于 CSD 构造复杂、造价昂贵、维修难度大,所以在电力电子技术不断发展的今天,变速恒频交流电源系统已经得到成功开发。

本系统不使用 CSD,而是发电机直接由发动机供电,发电机发出的变频交流电经过整流器整流为直流电,然后通过逆变器把直流电转换为恒频交流电。变速恒频交流电源系统最大的优点在于 CSD 被取消,质量减轻。其缺点为容许工作环境温度相对偏低、过载能力差、构造复杂、可靠性比较差、维修难度大。

8.4.2　交流电源系统的结构

无人直升机交流电源一般使用同步发电机。

同步发电机可按它的励磁方式进行分类。根据励磁系统结构上有无电刷可以将其分为有刷交流发电机与无刷交流发电机 2 种类型。每一类还包括自励与他励。由于有刷交流发电机具有输出功率低、可靠性差和维护工作量较大等不足,所以现有直升机多使用无刷交流发电机。

无人直升机交流发电机励磁系统最基本的要求就是要有可靠的起激和短路瞬间强激磁能力以确保保护装置的可靠作用。以下着重阐述无刷交流发电机的构造及工作原理。无刷交流发电机按励磁方式分为自励与他励,又称二级式、三级式无刷交流发电机。

1. 二级式无刷交流发电机(自励)

二级式无刷交流发电机包括交流励磁机、主交流发电机和旋转整流器。交流励磁机的励磁线圈与主交流发电机的三相输出线圈安装于定子。交流励磁机的三相输出线圈、旋转整流器和主交流发电机的励磁线圈安装在转子内。

2. 三级式无刷交流发电机(他励)

三级式无刷交流发电机加装了永磁式副励磁机,使得激磁更可靠,其余基本同二级式无刷交流发电机。

永磁式副励磁机为调压器及控制保护装置提供电能,而不涉及直升机电网,因此无人直升机电网发生故障时不影响调压器及故障保护装置的运行。

8.4.3　交流电源的故障保护

无人直升机交流电源系统中设置的主要故障保护项目有以下几种:过压保护(OV)、欠压保护(UV)、欠频保护(UF)、过频保护(OF)、差动保护(DP)、过载(过流)保护(OC)、开相保护(Open Phase)、欠速保护(Under Speed)和逆相序保护(NPS)等。下面简单介绍这几种保护的特性和电路原理。

1. 过压保护(OV)

按航空电源国际标准 IS01540 规定,单相过压值为 132 V,三相平均电压过压值为130 V。

过压主要是由于调压器发生故障,导致发电机的励磁电流过大。为了避免干扰引起的误动作,保护电路必须加上故障延时。针对过压值越大危害越大的问题,在过压保护中采取了反延时的方式,即过压值越高延时时间越短。设置过压保护就是对发电机自身以及用电设备进行保护,因此在过压时,应同时切断发电机励磁继电器(GCR)与发电机输出断路器(GCB),也就是切断发电机励磁(灭磁后)与发电机输出。

2. 欠压保护(UV)

在相电压小于 98 V 的情况下,欠压保护电路发出固定延时 7 s 的信号使 GCB 断开。

欠压故障多是由于调压器或者发电机自身的故障引起的,但是在欠速(欠频率)或者发电机超载的情况下,也有可能导致发电机出现欠压。

3. 欠频保护(UF)

发电机输出频率小于 370 Hz,欠频保护电路发出的信号经过 7 s 的固定延时后,GCB 断开。

欠频与欠压故障常并发。若前面出现欠频,欠压保护电路的输出将闭锁。若前面出现欠压,欠频保护电路的输出将闭锁。

4. 过频保护(OF)

当发电机输出频率高于 430 Hz 时,过频保护电路发出信号,经固定延时 1 s 后断开 GCB。

5. 差动保护(DP)

差动保护的范围由两部分组成。一种是发电机内电枢绕组出现相与地、相与相间短路现象。故障原因一般为振动引起断线搭地,或者相间绝缘破坏。一旦出现故障就会产生非常次短路电流以致于烧坏发电机,严重者还会引发火灾。另一种是发电机输出馈线发生短路故障。馈线是从发电机输出接头到汇流条之间的导线因振动等易引起的搭铁(对地短路)或者相与相短路失效。为减少短路故障带来的损失,需要保护装置以最快的速度切断发电机激磁电路,使发电机与电网脱离,也就是切断 GCB。所谓差动保护就是发电机输出端流入汇流条中的电流和返回发电机电枢绕组中的电流之间不一致。只有出现对地短路或者相间短路的时候才能出现此种现象。保护电路在电流相差 20~40 A 的情况下发出信号。

6. 过载(过流)保护(OC)

过载保护电路在过载或过电流故障情况下发出信号切断发电机的输出,避免发电机在过载情况下烧毁。

过载保护是反延时的。过载时易引起发电机欠压的发生,这时严禁输出欠压信号。

过载故障的主要原因为其中的一台发电机受损,从而无法为无人直升机提供正常的电力,另一台发电机因负荷增加出现过载。在某些无人直升机上,过载信号会导致自动卸载并移除某些无关紧要或者对飞行安全没有影响的用电设备,以确保发电机对重要负载的正常供电。

7. 开相保护(Open Phase)

所谓开相,是指有一相电流输出为零,而其他两相电流输出正常。在这种情况下,三相用电设备(如三相交流电动机等)不能正常工作。保护电路的原理是比较 CT2 中各个互感器的输出,当输出相差达到一定值时,保护电路有信号输出,断开发电机输出,开相保护采用固定延时,一般为 5 s。

造成开相的原因主要有以下几种:

(1)发电机内部的输出绕组开路;

(2)发电机外部馈线开路;

（3）发电机输出断路器有一相接触不良或损坏。

8. 欠速保护(Under Speed)

通过转速传感器对发电机转速敏感,欠速保护电路把转速传感器送出电压或者频率信号和设定值作对比,当转速小于额定转速90％时,欠速保护电路输出保护信号。欠速通常不属于系统的故障,但是欠速可以引起欠频或者欠压保护电路的保护信号。欠速保护电路的作用是在发动机关断后,发出信号来禁止欠频或者欠压保护电路的输出信号切断发电机励磁继电器(GCR),而只切断 GCB。

9. 逆相序保护(NPS)

在发电机输出相序错误的情况下,GCB 不能合上,否则供电中就会发生例如电动机倒转的严重事故;GCB 并联供电会烧坏发电机及供电线路。

相序故障多出现于发电机更换之后或者地面电源供电的情况下。

二次电源就是把无人直升机主电源变换成另外一种规格或者形式,例如利用变压整流器把 115/200 V、400 Hz 恒频交流电或者变频交流电变换成 28 V 直流电,以及利用变流器/逆变器把 28 V 直流电变换成 115/200 V、400 Hz 交流电等。

8.4.4　交流电源系统的优、缺点

交流电源系统与直流电源系统相比,主要有以下优点:
(1)发电机没有换向问题,减少了噪声、电磁干扰和维护工作量;
(2)电压变换容易,适用于不同电压等级的用电设备;
(3)交流电经变压整流器很容易变成低压直流电,且转换效率较高;
(4)发电机输出功率大,最大可超过 150 kV·A;
(5)输出电压高,使配电导线质量下降。
交流电源系统的不足之处如下:
(1)并联供电比较困难;
(2)恒频电源系统需要恒速传动装置或变频设备或恒速发动机;
(3)交流电机的启动力矩比直流电机小;
(4)交流电不能像直流电一样用电瓶储存起来。
由于交流电源系统的优点突出,所以目前大重型无人直升机上都采用交流电源系统。

8.5　外部/地面电源

8.5.1　地面电源的功用

无人直升机在地面上执行保养、清洗、加油、装卸货物和发动机起动等任务时,通常都要靠地面电源提供动力。

8.5.2 地面电源的种类

地面电源分为直流与交流两种,小型无人直升机使用直流电源供电,而大型无人直升机使用交流电源供电。地面电源的获取一般有两种途径:一是利用地面柴油发电机产生和无人直升机一样的交直流电源(俗称电源车);二是地面 220/380 V、50 Hz 工频交流电经变压整流器后整流为 28 V 直流电供无人直升机使用,也可由逆变器转换成 115/200 V、400 Hz 交流电供无人直升机使用,直流电源也可由地面电瓶车提供。因为柴油发电机组的噪声较大,效率较低,使用不便,所以民航中已经较少应用。

参 考 文 献

[1] 贺天鹏,张俊,曾国奇,等.无人直升机系统设计[M].北京:国防工业出版社,2016.

[2] 林志刚.无人直升机的发展现状及应用分析[N].中国航空报,2016-07-03(2).

[3] 陈康,刘建新.直升机结构与系统[M].2版.北京:清华大学出版社,2016.

[4] Gaojing263.共轴双旋翼技术[EB/OL].(2018-09-09)[2023-02-10].https://baike.so.com/doc/4815155-5031657.html.

[5] 陈铭.共轴双旋翼直升机的技术特点及发展[J].航空制造技术,2009(17):26-31.

[6] 张伟.航空发动机[M].北京:航空工业出版社,2008.

[7] 周炎,祖家奎.共轴无人直升机及其飞行控制技术研究现状[J].电子测量技术,2019,42(19):41-45.

[8] 丁锐.无人直升机飞控技术研究[D].南京:南京航空航天大学,2007.

[9] 安锦文,张力军,黑鹏.奇异摄动解耦方法在直升机低空机动飞控系统的应用[J].西北工业大学学报,1996(4):495-500.

[10] 魏源源.无人直升机飞行控制系统设计与工程实现[D].南京:南京航空航天大学,2016.

[11] 陈健.无人直升机飞行控制技术研究[D].南京:南京航空航天大学,2006.

[12] 张佳鑫.共轴式无人直升机飞行控制律设计[D].哈尔滨:东北农业大学,2016.

[13] 曾庆化,孙克诚,孙长银,等.强气流扰动下无人直升机自主导航技术发展与展望[J].空间控制技术与应用,2019,45(5):14-21.

[14] 陈宏润.小型无人直升机导航定位系统设计与实现[D].广州:华南理工大学,2019.

[15] 张均.基于多传感器融合的无人机导航算法研究[D].绵阳:西南科技大学,2020.

[16] 陈高平.航空无线电导航原理[M].北京:国防工业出版社,2006.

[17] 李宏肖.机载无线电导航系统级接口仿真平台设计与实现[D].天津:中国民航大学,2015.

[18] 陈卓,田风勋,孙建军.地磁导航关键技术研究进展综述[J].测绘与空间地理信息,2016,39(1):16.

[19] 彭亮.基于无人机平台的GNSS/INS组合技术研究[D].重庆:重庆大学,2019.

[20] 霍学东.基于惯导/视觉组合的无人机相对导航方法研究[D].哈尔滨:哈尔滨工业大学,2019.

[21] 石鹏.双盲环境下基于激光雷达/惯性融合的无人机自主导航技术[D].南京:南京航空航天大学,2019.

[22] 郑吉.无人机长航时组合导航方法研究[D].哈尔滨:哈尔滨工业大学,2019.

[23] 陈麒杰,晋玉强,韩露.无人机路径规划算法研究综述[J].飞航导弹,2020(5):54-56.

[24] 钟伦超,龚涛,钟磊,等.无人机电传操纵系统的非线性控制[J].计算机集成制造系统,2019,25(10):2633-2639.

[25] 冀源.电传操纵系统自动化检测关键技术研究[D].沈阳:沈阳航空航天大学,2017.

[26] 白志强.光传操纵技术:飞机信号传输迈向"光"速[N].大飞机报,2016-01-27(2).

[27] 王晨.加速度对垂直陀螺姿态输出影响的研究[J].工业控制计算机,2018,31(8): 102-103.

[28] 赵君辙,邢馨婷,杨中柳.线加速度计的现状与发展趋势综述[J].计测技术,2007, 27(5):1-4.

[29] 莫南大人.加速度计[EB/OL].(2019-04-24)[2023-02-11].https://baike. baidu.com/item/%E5%8A%A0%E9%80%9F%E5%BA%A6%E8%AE%A1.

[30] 陶建伟,张忠能.飞行器大气数据传感器布局分析设计[J].微型电脑应用,2012, 28(9):6-8.

[31] 郝振海,黄圣国.高精度气压高度表的研制[J].南京航空航天大学学报,2009,41(1): 134-136.

[32] 王乐乐.基于 SimMechanics 的无人飞行器飞行动力学仿真建模研究[D].南京:南京 航空航天大学,2018.

[33] 陈铭.共轴双旋翼直升机的技术特点及发展[J].航空制造技术,2009(17):26-31.

[34] 毛柏源.多旋翼无人飞行器关键技术研究[D].北京:北京理工大学,2016.

[35] 冯亚昌,杜惠芳.共轴式直升机半差动航向操纵系统[J].航空学报,1997,18(1): 117-119.

[36] 乔继周.共轴双旋翼直升机地面共振不稳定性抑制研究[D].南京:南京航空航天大 学,2017.

[37] 孙星球.共轴双桨无人直升机在农业生产中的应用和前景[J].农业开发与装备, 2016(2):29.

[38] 张翀.救助训练模拟舱结构设计及动力特性分析[D].大连:大连海事大学,2014.

[39] 丁锐.无人直升机飞控技术研究[D].南京:南京航空航天大学,2007.

[40] 程尚.倾转旋翼飞行器建模及仿真研究[D].南京:南京航空航天大学,2010.

[41] 张剑.小型无人直升机悬停/小速度下的飞行控制律设计技术研究[D].南京:南京航 空航天大学,2009.

[42] 马小娟.特征结构配置方法在飞控系统设计中的应用[D].西安:西北工业大学,2006.

[43] 高天亮.广义系统的特征结构配置[D].哈尔滨:黑龙江大学,2007.

[44] 张聪慧,邱崧.GNSS/INS 紧组合定位技术简介[J].科技展望,2015(31):5.

[45] 杨龙,周建华,胡义勇.GNSS/INS 组合导航仿真平台研究[J].系统仿真学报, 2009(8):327.

[46] 祁晓野,付永领,王占林,等.机载作动系统的控制信号光传方案[J].北京航空航天大 学学报,2000,26(2):160-163.

[47] 孟忱.飞机电传操纵余度方向舵控制系统研究[D].天津:中国民航大学,2017.

[48] 高宇.捷联系统中加速度计信息处理技术研究[D].哈尔滨:哈尔滨工程大学,2010.

[49] 陆阳.高精度加速度计采集单元的设计及关键器件的研究[D].哈尔滨:哈尔滨工程 大学,2009.

［50］　郝宏伟.小直径高速旋转弹姿态参数测试技术研究[D].太原:中北大学,2009.

［51］　桂小明.基于动调陀螺测斜仪控制电路的研究[D].重庆:重庆大学,2008.

［52］　李敏.基于高程熵的地形匹配算法研究[D].西安:西安电子科技大学,2012.

［53］　张悦.机载天线及弹载共形阵天线设计[D].西安:西安电子科技大学,2012.

［54］　马翼.172飞机铅酸蓄电池实时监测系统设计与开发[D].成都:电子科技大学,2011.

［55］　任仁良,冯建朝.飞机碱性电瓶最佳充电方式研究及其实现[J].中国民航大学学报,2008,26(3):13－16.

［56］　冯建朝.航空电瓶自动充放电分析仪的研制[D].天津:中国民航大学,2009.

［57］　张韬.航空铅酸电池的智能充电系统的设计与开发[D].成都:电子科技大学,2011.

［58］　翁诚.飞机GCU自测试功能研究及故障分析[D].天津:中国民航大学,2012.